国鉄制式形式
全蒸気機関車
ビジュアルガイド

JN137390

INDEX

SL 基礎用語 ・・・・・・・・・・ 6
SL 系統図 ・・・・・・・・・・・ 10

テンダ機関車

【3軸】

〈先台車1軸〉
8620 ・・・・・・・・・・・・・ 14
C50 ・・・・・・・・・・・・・・ 28
C58 ・・・・・・・・・・・・・・ 36

C56 ・・・・・・・・・・・・・ 198

〈先台車2軸〉
C51 ・・・・・・・・・・・・・・ 54
C52 ・・・・・・・・・・・・・・ 66
C53 ・・・・・・・・・・・・・・ 68
C59 ・・・・・・・・・・・・・・ 72
C60 ・・・・・・・・・・・・・・ 80
C62 ・・・・・・・・・・・・・・ 90
C54 ・・・・・・・・・・・・・ 112
C55 ・・・・・・・・・・・・・ 118
C57 ・・・・・・・・・・・・・ 132
C61 ・・・・・・・・・・・・・ 146

【4軸】

9600 ・・・・・・・・・・・・ 208
D50 ・・・・・・・・・・・・・ 228
D51 ・・・・・・・・・・・・・ 238
D52 ・・・・・・・・・・・・・ 266
D62 ・・・・・・・・・・・・・ 278
D61 ・・・・・・・・・・・・・ 284
D60 ・・・・・・・・・・・・・ 296

タンク機関車

【3軸】
C10 ・・・・・・・・・・・・・ 160
C11 ・・・・・・・・・・・・・ 164
C12 ・・・・・・・・・・・・・ 186

【2軸】
B20 ・・・・・・・・・・・・・ 304

【5軸】
4110 ・・・・・・・・・・・・ 310
E10 ・・・・・・・・・・・・・ 316

本書は国鉄時代に製造された機関車、それ以前に製造されてはいるが運用されていた機関車27形式ををビジュアルとともに紹介しています。

本書の見方

テンダ車かタンク車なのかを表示

主に旅客運用された車両

主に貨物運用された車両

軸配置
上はホワイト式（両サイドの輪数）
下は国鉄式（片サイドとアルファベット）

D51

主な走行路線
四国を除く全国の幹線・亜幹線。函館・東海道・信越・中央・北陸・関西・山陰・筑豊本線、八高線、伯備線など

日本の蒸気機関車の代表格
貨物から旅客まで幅広く全国で活躍

日本の蒸気機関車では最多となる1,115両も製造され、国鉄蒸機最晩年まで全国各地で活用された機関車だ。「デゴイチ」の愛称は、そのままSLの代名詞にもなっている。

国鉄の蒸気機関車は大正時代に本格的な国産化を達成したが、その後も改良を重ねて近代化標準機の構築をめざした。かくして誕生した近代化標準機の第1号がD51形である。それまでの機関車は国鉄とメーカーの共同開発となっていたが、D51形ではすべて国鉄による設計となっている。

D51形はD50形の全面改良という位置付けで、運用線区拡大に向けて軸重は15.0t→14.0t、動輪軸距も4,710mm→4,650mmとされたが、開発中に各地の軌道強化が進んだため、軸重はそのまま、動輪軸距のみ短縮した。動輪径は1,400mmと同じだが、最高速度は75km/h→85km/hと向上している。動輪は従来のスポーク式ではなく日本初のボックス式（箱型）。輪芯部には丸い穴が並び、軽量ながら変形しにくいのが特長だ。

初期に製造されたD51形は煙突から給水加熱器・砂箱・蒸気ドームを一体のカバーで覆った通称「ナメクジ」型で、貨物機にはもったいないフォルムとなっていたが、整備がしにくいということで、給水加熱器を煙突の前に備えた形で量産された。

現在JR東日本とJR西日本で1両ずつ動態保存、静態保存機を100両以上数える。

最初期のC51。4号機。一番の特徴は3つの動輪がきれいなスポークになっている点

写真 伊藤威信

動輪径
ボイラー圧力

1400mm
15kg/cm²

DATA
製造開始● 1936年
製造数● 1115両
引退● 1975年
最高速度● 85km/h
全長● 19,994mm
最大軸重● 15.0t

動輪径
最小から最大までの大きさ比較

ボイラー圧力
最小 12.7kg/cm2 から最大 16kg/cm2 まで

撮影地点
- 現在JR北海道エリア近辺
- 現在JR東日本エリア近辺
- 現在JR東海エリア近辺
- 現在JR西日本エリア近辺
- 現在JR四国エリア近辺
- 現在JR九州エリア近辺
- 当時私鉄路線

- 旅客運用
- 貨物運用
- 混在運用
- 機関区運用

函館本線 | 然別〜銀山
1971年1月24日

天王寺駅での乗降。引退まであと2年と迫った時期のもので、関西本線のローカル旅客向きに運転されていた

撮影年月日

SL基礎用語

集煙装置
トンネル内では、煙突から直上に煙を噴き上げると気流が大きく乱れて周囲が煙で充満してしまう。こうした空間が限定された場所は、煙を直上に出さず後方に流しつつ、なるべく車両に煙がまとわりつかないよう、気流をコントロールする必要がある。こうした用途のために煙突に取り付けられた装置。

給水温め器（給水加熱器）
水タンクからボイラーへと水を送る際、水の温度が低いとボイラー内の温度を下げてしまい熱効率が悪くなる。このため、ボイラーに投入する前にある程度水を温めておき、熱効率を改善させるための装置。主に、煙管を通って煙室に送られる前の、温度が低くなった燃焼ガスを活用して温められる。搭載個所は煙突の前後や煙室の前など機種で異なっている。

煙突
使用済みの燃焼ガスや蒸気を車両外へ排出するための装置。排気を効率的に行えないと燃焼効率が低下するため、煙室から煙突間には様々な工夫が凝らされている。D51形に採用されたギースル・エジェクタは、そうした排気コントロールの一つ。

煙室
ボイラーの前面にある、ピストンから排出された蒸気や、ボイラー内を通って熱を奪われたガスが集約され、煙突へと送られる場所。メンテナンスの際に、開けられるようになっている。

デフレクタ（除煙板）
煙突から発生した煙が、なるべく運転室や客室を直撃しないように風の流れを調整するためのもの。機関車の速度や形状によって、どのような除煙板が有効なのかが変わってくる。いろいろな試行錯誤が行われたほか、また所属する機関区によってさまざまな形状の物が作られている。

シリンダー
蒸気による圧力を活用して、往復運動を作り出す装置。機関車の駆動力が作られる場所。高温の蒸気が温度低下する際に膨張することを利用して、重いピストンを動かす。

ピストン
シリンダー内の蒸気によって往復運動を行う棒。

クロスヘッド
ピストンの往復運動を制御して主連棒に伝え、回転力へ変える装置。

主連棒（メインロッド）
ピストンの往復運動を動輪へ伝えるための棒。片側はクロスヘッドを介してピストンとつながり、もう片側は主動輪とつながっている。

先輪
動輪の前に置かれ、車両をガイドするための車輪。カーブや分岐をスムーズに行い、車両を安定して運用できるよう置かれている。また、この車輪が配置されている台車を先台車という。高速走行が求められる機関車に必要とされている。

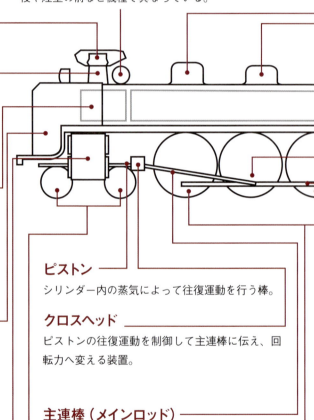

砂箱
動輪とレールの摩擦を増やすため、レール上に撒く砂を格納している場所。雨でレールが濡れているときや、凍結している場合、勾配の急な場所など、動輪とレールの間に強い摩擦が必要な際に使われる。設置位置はおおむねボイラーの外上で、常に砂が乾燥する場所に作られている。

ボイラー
燃料を燃焼させることで発生させた熱を煙管と呼ばれる細い管を介して水を温め、蒸気へと変換する装置。通常の飽和蒸気を発生させて使う「飽和式」と、飽和蒸気をさらに熱して過熱蒸気を使う「過熱式」がある。後者のほうが圧力が高いため出力を増せるが、そのぶん高圧に耐えられる仕様が必要とされる。

蒸気ドーム
ボイラーで作られた蒸気が集められる場所。ここから蒸気がシリンダーに送られ、動力となる。

火室
燃料を燃やして高温のガスを発生させる場所。基本的には石炭を燃焼させていたが、重油を加えて火力を増すなどの方策がとられた車両もあった。

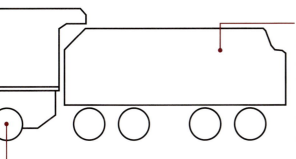

テンダ（炭水車）
燃料となる石炭や水を積んだ車両。これを使って機関車を運用する方式をテンダ式という。テンダ式の機関車では、基本的に機関車とテンダは1対になり、使いまわしはほぼない。大量の石炭と水を搭載できるため、長距離での運用が可能となる。一方で、バック走行に向かない、小回りが利かないなどの難点もある。

●タンク式
燃料となる石炭や水を機関車自体に積載したもの。機関車単体で完結するため小回りが利く一方、燃料や水の搭載が限られるため、長距離の運用には向いていない。

従輪
動輪の後方に置かれ、車両を支えるための車輪。主に重量のある機関車を支えるためや、軸重を軽減させるためにつけられる。この車輪が配置されている台車を従台車という。

主動輪
複数ある動輪のうち、主連棒と連結されているもので、回転力を発生させる動輪。

連結棒
主動輪の回転力を他の動輪へ伝える棒。これによって動輪すべてが同じ回転力を得られる。

動輪
機関車を駆動させるための大きな車輪。径が大きいほど高速走行が可能となるが、そのぶん、シリンダーのトルクも求められるため大きなボイラーが必要となり車両重量が増す。動輪の数が増すほど牽引力の強い走行が可能となるが、重量増とトルク増のため高速走行に向かなくなる。

軸配置

先輪、動輪、従輪、それぞれの配置数のこと。たとえばC51であれば、先輪4輪（2軸）、動輪6輪（3軸）、従輪2輪（1軸）のため、ホワイト式車輪配置では4-6-2、国鉄式では2C1と表記される。国鉄式のアルファベットは動輪の軸数を現しており、Bは2軸、Cは3軸、Dは4軸、Eは5軸となっている。またよく使われる軸配置に関しては、アメリカ式分類による呼称がついている。

● 軸重配置一覧

国鉄式	ホワイト式	アメリカ式名称	該当機関車
2軸			
B	0-4-0	フォー・ホイール・スイッチャー	B20
3軸			
1C	2-6-0	モーガル	8620、C50、C56
1C1	2-6-2	プレーリー	C58、C12
1C2	2-6-4	アドリアティック	C10、C11
2C1	4-6-2	パシフィック	C51、C52、C53、C54、C57、C59
2C2	4-6-4	ハドソン	C60、C61、C62
4軸			
1D	2-8-0	コンソリデーション	9600
1D1	2-8-2	ミカド	D50、D51、D52
1D2	2-8-4	バークシャー	D60、D61、D62
5軸			
E	0-10-0	テン・ホイール・スイッチャー	4110
1E2	2-10-4	テキサス	E10

軸重

先輪、動輪、従輪の各軸にかかる荷重（重量）のこと。車両重量そのものではなく、各軸にかかる荷重のことで、同じ車両重量でも軸数が異なれば軸重は変わる。

軸重と運用路線

想定する輸送力や重要度の差などで、整備される線路の規格が変わってくる。最急曲線、最急勾配、停車場有効長などのほか、線路にどれくらいまでの荷重をかけてよいかが異なる。線路規格の高いものであれば、軸重の重い車両が入線できるが、線路規格の低いものには軸重の低い車両しか入線できなくなる。

線路等級

線路は重要度に応じて、区別されている。以下は1949年頃の概要。
・特甲線　甲線のうちでも特に重要な線路
・甲線　幹線と認められるもの、または運輸量が特に多いもの
・乙線　準幹線、主要な連絡線と認められるもの。または運輸量の多いもの
・丙線　主要でない連絡線。または地方線と認められるもの。
・簡易線　丙線のうち、特に局部的な交通にしか役立っていない地方線

● 線路規格と軸重

	一般	急勾配そのほか特別の場合
特甲線	18t	-
甲線	16t	18t
乙線	15t	16t
丙線	13t	15t
簡易線	11t	11t

逆行運転（バック走行、逆機）

機関車は前後の方向が決まっている。当然バックでの走行も可能で、これは逆機などと呼ばれる。タンク機関車は逆機走行を前提として設計されているが、テンダ機関車では炭水車によって後方の視界が悪いことや重量があり、脱線し易く速度制限がかかるなどの理由から入換運転等がほとんどで本線を逆機で走ることはごく僅かであった。

転車台（ターンテーブル）

蒸気機関車の特にテンダ機関車は基本的に前後があり、逆機では走りにくかったため、機関車の向きを転向させる転車台があった。円形の窪みに回転できる主桁があり、そこに車両を入れ、主桁を180°回すことで車両の向きを入れ替えるのが一連の動き。転車台から放射状に線路を延ばし、車庫にした扇形庫などもあり、こちらでは細かく角度を変えて省スペースで車両の入換作業などが行える。

車両形式称号規程改正

車両形式称号はしばしば改正されている。1928年に施行された国鉄の車両形式称号規程改正では、18900形がC51形、8200形がC52形、9900形がD50形となっている。

この時に定められた蒸気機関車の形式名は[動輪の軸数][機関車の種類]となっており、B〜Eの軸数と、タンクやを表す10〜49、もしくはテンダ車を表す50〜99の数値が使われる。

後ろ向きに走る8620形。テンダ車が本線上をこのように走ることは少なかった

転車台を回す動力は人力や電動のものがほとんどだが、写真は機関車のブレーキ用圧縮空気を使ったもの。転車台空気駆動装置と呼ばれ、通称「尺取り虫」。道内を中心に使用されていた

SL系統図

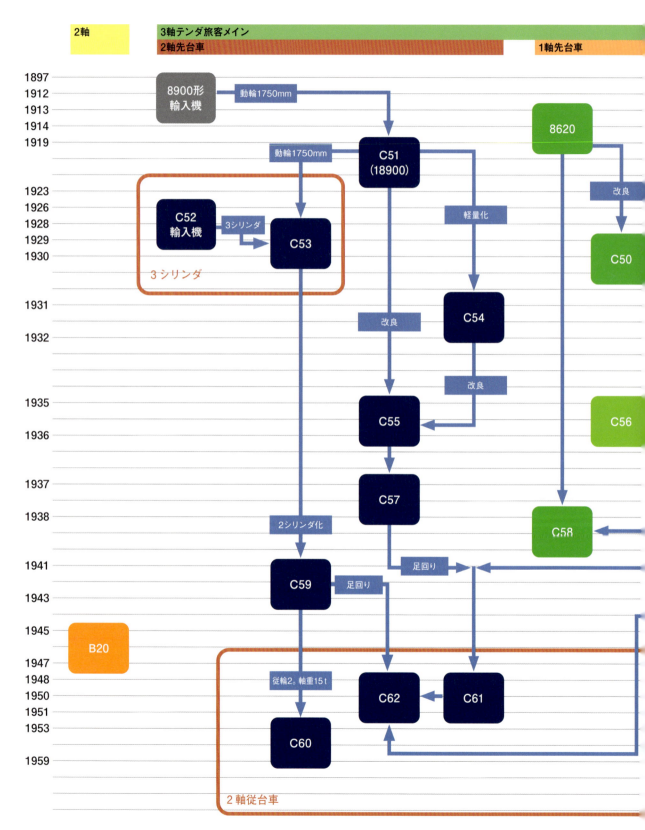

本書で扱う各機関車のそれぞれの関連性を図で表した。関連性の図示を優先したため、左のタイムスケールが均等でないことに注意してほしい。

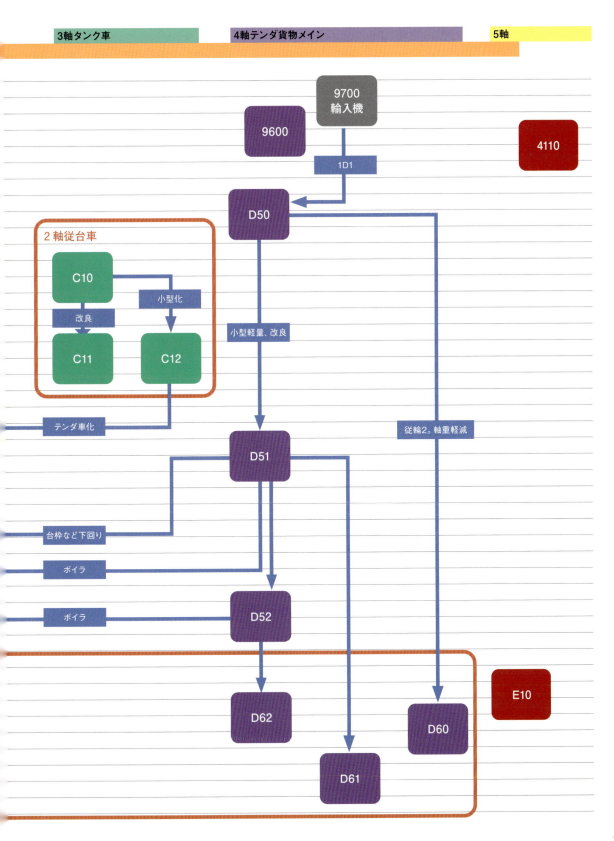

3軸機関車

8620 ·············· 14
C50 ·············· 28
C58 ·············· 36

C51 ·············· 54
C52 ·············· 66
C53 ·············· 68
C59 ·············· 72
C60 ·············· 80
C62 ·············· 90
C54 ·············· 112
C55 ·············· 118
C57 ·············· 132
C61 ·············· 146

C10 ·············· 160
C11 ·············· 164
C12 ·············· 186
C56 ·············· 198

8620

旅客 / 貨物 / タンク / テンダー

先台車 動輪
2 6
1 C

主な走行路線

全国各地の亜幹線、ローカル線。五能線、花輪線、総武本線、室木線、湯前線など

京都鉄道博物館で動態保存されている8630号の現役時代。初期型の通称「Sキャブ」で誕生しているが、空気制動化の際、エアータンクを設置するため、「乙キャブ」に改造された

製造当時最大の動輪直径
急行旅客用として登場

　大正時代に開発された代表的な旅客用蒸気機関車で、当時の旅客機としては異例の687両も製造されている。形式名が8620形と中途半端な感じだが、実はひとつ若い形式となる8550形は出自の違いも含めて66両導入され、機関車番号は8550〜8615となっていた。ここから一応の切りを付けて8620形としたようだ。ただし、製造両数が多かったため、単なる連番では処理しきれず8699の次は18620とした。こんな命名法でラストナンバーは88666となっている。

　8620形は明治末期の鉄道国有化で集まった雑多な輸入機を置き換えて標準化する狙いもあり、北海道から九州まで幅広く活用されている。こうした用途のため、軸配置は1Cのモーガルとして軽量化、最大軸重も13.5tと運用線区の制約を減らしている。さらに先輪と第1動輪を連動させる特別なしくみも盛り込まれ、曲線部では第1動輪が横動する構造だった。これにより半径80mとC12形クラスの小型機に匹敵する曲線通過性能を持たせ、これも幅広い導入に役立っている。

　SLブームの時代は花輪線龍ヶ森（現・安比高原）の急勾配を克服するために実施された8620形3重連運転が注目された。JR九州で58654号を動態に復帰させ『SLあそBOY』『SL人吉』などとして運行させたが、製造から100年を超える老朽化で、残念ながら2024年3月で再引退となった。

動輪径　1600mm

ボイラー圧力　12.7kg/c㎡

DATA
製造開始● 1914年
製造数● 687両
引退● 1975年
最高速度● 90km/h
全長● 16,929mm
最大軸重● 13.5 t

1965年 東北本線 郡山

動輪はスポークだが、外周の一部に補強が入り、面を埋めるような形に変更された。また煙突の形状も変わっているほか、煙室が延長されている

1969年 関西本線 奈良機関区

煙室の左右にデフレクタがないため、すっきりとした印象の正面。煙突は初期の化粧煙突ではなく、パイプ煙突となっている。また形式入りのナンバープレートの字体が花文字になっている

1961年 信越本線 新潟機関区

38660号は、なぜか8620初期型のテンダを使用していた。一部の機関車では、必要に応じてテンダを振り替えることがあった

写真：宮地元

1968年 北陸本線 福井機関区

1968年秋の福井国体行幸の際、越美北線越前大野→福井間でお召列車が運行された。写真の28651号は88635号と重連にて担当

写真は10月1日に撮影。翌日の運転に備えて万全の整備と共に美しく磨き上げられた姿。煙突先端部にも装飾が施されている

1962年 根室本線 釧路

釧網本線ではC58形導入の1960年代半ばまで8620形によって運行されていた。78672号は化粧煙突も残り、デフレクタ付き8620形では原型に近い姿だった

写真：宮地元

1970年 肥薩線 人吉機関区

今は『くま川鉄道』となった国鉄湯前線では九州のSL最晩年となった1975年まで8620形による運行が続いた。人吉機関区では湯前線の8620形を管理していた

1966年 東北本線 福島

初期の8620形は、台枠と運転室が接する部分が緩やかなカーブを描いており、俗に「Sキャブ」と呼ばれている。写真の8657号は、初期の形状を残した車両だ。

写真：浅原信彦

1961年 北陸本線 高岡

前面に形式入りナンバープレートを掲げていた68670号。城端線を管理していた高岡機関区ではスノープラウを機関車ごとに用意し、そこにも機番が記されていた

写真：宮地元

1967年 常磐線 平機関区

平機関区所属の58660号は「Sキャブ」装備となっていた。機番の製造年代からすれば「乙キャブ」だったはず。不思議な改装で、その筋の愛好家の間では追及が続いている

1974年 湯前線 多良木

JR九州で動態復元され、2024年まで運行されていたことで有名は58654号。現役時代末期、いわゆる「門デフ」（門司鉄道管理局でよく使われたデフレクター）を備えていた。69600号からの転用で、サイズが大きかった

正面から見ても58654号の「門デフ」の大きさは際立っていた。動態復元時、この門デフは一般的な大きさのものに交換された

1971年 細島線 細島

8620形「門デフ」の中で唯一無二の特殊なスタイル。C59124号に使用された門デフを同機廃車後に転用した

C59124号はC59形で唯一「門デフ」を備えた機関車で、オリジナルのデフレクタを改造したため先端部は斜めに落ちていた。それを48695号が引き継いだのだ

1965年 佐世保線 佐世保

8620形では20両余り「門デフ」装備の記録があるが、48676号の形状が標準的なスタイルと大きさだった。58654号復元機の門デフはこれよりさらに下部を切った形だった

写真：牛島完

`東海道本線` `米原機関区`
`1962年3月2日`
東海道本線から北陸本線が分岐する米原駅では車両の入換作業も多かった。この入換に使う8620形の運用は1960年代半ばまで続いている

`奥羽本線` `大館機関区`
`1971年5月25日`
大館機関区の8620形といえば花輪線の牽引に勤めていたが、48699号は構内の入換作業に従事。煙突まわりの襟巻状の煙除けが特徴だった

長崎本線｜長崎客車区　1961年3月24日
長崎駅に隣接する長崎客貨車区の入換にも8620形が使われていた。撮影からほどなく長崎機関区への配置が終了、早岐機関区から出張してきた

芦屋線｜筑前芦屋　1961年3月23日
鹿児島本線遠賀川駅から芦屋駅まで6.4km。1961年6月の廃止まで国鉄全国版時刻表に掲載されない幻のような路線でも8620形が活躍していた

飯山線 蓮〜替佐 C56形の活躍で知られた飯山線だが、飯山→長野間の通勤・通学用222列車で8620形も使われていた。ただし復路の設定はなく、回送扱いだった

細島線 伊勢ケ浜〜細島
1971年7月23日
細島線は3.5kmと短距離の路線。写真は貨物列車を牽引する48695。短距離なためか、転車台で転車せず逆機で走行している

松浦線 肥前吉井〜潜竜
1969年10月31日
8620形の重連で走行する御料車（お召列車）の回送。10月26日〜10月31日に開催された長崎国体のためのもので、48647号と28629号が担当

花輪線 岩手松尾〜龍ヶ森
1967年1月5日
龍ヶ森界隈は本来8620形を前部に2両、後部に1両連結する形で運行されていた。これは途中にある橋梁部への負担を減らすための措置だった

花輪線	岩手松尾〜龍ヶ森
1963年3月15日	

岩手松尾(現・松尾八幡平)から8620形重連で龍ヶ森に登ってきた貨物列車。花輪線は1984年に貨物列車の運行を終えたが、それまでは盛況だった

花輪線	岩手松尾〜龍ヶ森
1962年3月27日	

花輪線の龍ヶ森では最晩年に3重連運転も実施され、東北本線奥中山や伯備線布原信号場のD51形3重連と共にSLファンのメッカとされた

C50

主な走行路線

四国などを除く全国の線区。晩年は両毛線のほか、東海道・山陽本線各駅などの入換

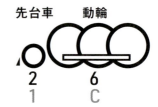

旅客　貨物
タンク　テンダー

先台車　動輪
2　6
1　C

C50形は8620形の改良型という位置付けでよく似たスタイルだ。外観上の大きな変化は運転室だろう。真横から見るとかっちりした四角形で、装飾を除いて合理性を追求したデザインに思える

8620形をベースにした改良型
旅客用かつ貨物も視野にした機関車

　8620形の改良増備型として昭和初期の1929年に誕生した機関車だ。

　基本的な寸法は8620形に近似しているが、台枠を板台枠から棒台枠に変え、ボイラ圧力も13kg/㎠から14kg/㎠と高めている。8620形の場合、先輪の復元装置は第1動輪と連携させた複雑な構造だったが、これは構造が簡単なエコノミー式に変更された。この方式は技術史上、近代化標準機への重要なステップとされているが、最小通過曲線半径は95mとやや大きくなってしまった。また、最大軸重も14.9tとなった。

　なお、国鉄の営業距離は1930年4月でマイル法からメートル法に切り替えたが、車両設計はそれ以前に切り替えが進められ、C50形はメートル法で設計された。ちなみに8620形はフィート・インチ法だった。

　C50形は8620形より性能的な向上を狙って開発されたが、軸重が重く、最小曲線半径もやや大きい。これが災いして、本線運転は8620形の方が扱いやすいとされ、後年は入換機としての運用が多かった。両毛線では電化まで貨物列車を牽いていたが、これも基本は途中駅の入換作業だった。

動輪径 1600mm

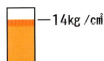

ボイラー圧力 14kg/㎠

DATA

製造開始●	1929年
製造数●	158両
引退●	1974年
最高速度●	90km/h
全長●	16,880mm
最大軸重●	14.9t

1963年 山陽本線 広島運転所

C5066号は形式入り前面ナンバープレートで、オリジナルの香りがあった。惜しむらくは皿状の火の粉止めが煙突の魅力を逸していた

1968年 中央本線 塩尻機関区

C50形では端梁上のデッキからボイラわきの歩み板にかけて曲面でつながっていた。運転室を直線化したものの、このあたりには大正デザインの名残が感じられる

1961年 東海道本線 大船駅

オリジナルの化粧付き煙突が残っていたC50146号。デフレクタは当初なく、後年の改造で取り付けられたもの。C50形の場合、デフレクタ付きは珍しい存在だった
写真：宮地元

1965年 日豊本線 行橋機関区

九州では「門デフ」と呼ばれる変形デフレクタを取り付けたC50形もいた。7両ほど確認されているが、すべて行橋機関区の所属だった

写真：牛島完

東海道本線	岐阜駅
1963年10月13日	

東海道本線は1956年に全線電化が完了しているが、各駅の入換作業にはしばらく蒸気機関車が使われ、なかでもC50形は各地で使用されていた

両毛線	思川～小山
1955年10月16日	

昭和30年代にはC50形は入換機としての起用が増えていったが、両毛線では本線の列車牽引も担当。これは1968年の電化後もしばらく続いた

中央本線	上諏訪
1968年9月19日	

上諏訪駅で入換作業に精を出すC5036号。この時代、上諏訪機関区には3両のC50形が配置されていたが、いずれも入換専用機となっていた

中央本線	塩尻機関区
1968年9月19日	

塩尻機関区で給炭中のC50119号。煙突には皿状の火の粉止めを取り付け、端梁には警戒塗装が施されている。当時の入換機の標準的な姿だった

写真：伊藤威信

両毛線　小川〜思川　1955年10月16日
C50形は軸重の関係で丙線路線では運用できず、晩年は乙線で比較的輸送力の多くない両毛線や水戸線などで本線運用があった。写真は思川橋梁のC50124号

芸備線　国鉄広島工場　1963年7月26日
芸備線矢賀駅に隣接した国鉄広島工場で入換作業を担当していたC5063号。この機関車もデフレクタを備えた数少ないC50形の仲間だった

山陽本線	糸崎機関区
1966年12月24日	

入換作業に従事した糸崎機関区のC5088号は端梁だけでなく、煙室扉にまで警戒塗装が施され、まるで工場専用線の機関車といった面持ちだ

C58

主な走行路線
根室本線、釧網本線、陸羽東線、横浜線、高山本線、紀勢西線、芸備線、予讃・土讃本線、豊肥本線など

旅客 / 貨物
タンク / テンダー

先台車 動輪 従台車
2 6 2
1 C 1

C58形は煙突の前に給水加熱器を乗せ、D51形を一回り小さくしたようなスタイルだ。1C1の軸配置は国鉄制式機では唯一だが、全体のバランスもいい

国鉄初のプレリー（1C1）形
地方線区の旅客用や貨物用機

　近代化標準機の第3弾としてローカル線向け万能機として開発された機関車だ。
　C58形は旅客用8620形並みの高速性能を持ち、出力は貨物用9600形と同等というスペックで設計されている。牽引力を求めるなら動輪径は小さい方が有利だが、それでは高速運転時に不利になる。そこで相応の高速性能を持っていたC11形と同じ1,520mmを採用、中庸となる性能を出すことに成功した。また、軸配置は8620形のような1Cではなく、従輪をひとつ加えた1C1とした。これにより機関車後部の構造にゆとりが出せ、火室を広くし、運転室も乗務員の居住性に配慮した初の密閉式とした。この1C1の軸配置はプレリーと呼ばれるが、国鉄の制式テンダ機では唯一の採用例となった。
　狙い通りの性能となったC58形は戦後まで427両も製造され、全国各地で活用された。首都圏でも千葉地区をはじめ、横浜線や八高線などでSL晩年まで使用され、デゴイチと共に知られた機関車だ。
　国鉄の無煙化後、動態保存されたC581号が山口線などで一時期運転され、さらに現在ではC58363号が秩父鉄道で『パレオエクスプレス』として運転されている。

動輪径　1520mm
ボイラー圧力　16kg/c㎡

DATA
製造開始● 1938年
製造数● 427両
引退● 1975年
最高速度● 85km/h
全長● 18,275mm
最大軸重● 13.5 t

1968年 石北本線 北見機関区

煙突に皿状の火の粉止めを取り付けたC582号。この機関車では手前側のデフレクタのみ前端を切り詰めた独特なスタイルだった

同じ北見機関区に所属していたC5833号。こちらのデフレクタは原型。C582号とほぼ同時期の撮影だが、こちら火の粉止めは煙突径とほぼ同じものを使っている。P44上の写真はデフ改装後の姿

C582号は向かって右側のデフレクタ前端が切り詰めだけでなく、左右とも窓が開けられていた。これはシリンダ上部の点検をしやすくするための工夫だった

1968年 東北本線 青森

C58128号もデフレクタに窓が開けられていた。ヘッドライトは小さなシールドビーム1灯に交換されている。火の粉止め付き

1968年 函館本線 桑園

戦後製造のC58形は、ボイラー径が約30mm拡大し、炭水車も容量の大きなものに変更された。デフレクタ上部のステーは氷柱切の装置

1968年 北陸本線 敦賀第一機関区

SLの運転でトンネルは大きな障害となった。煙突から吹き上げた排煙がトンネル天井に突き当たって運転室や客車に流れ込むのだ。こうした路線では排煙を後方に流す集煙装置も活用された。小浜線で運用されたC58170号は西舞鶴への移動前、姫新線や芸備線で運用されており、ここで集煙装置が取り付けられた

1971年 伯備線 新見機関区

新見機関区のC58形はトンネルの多い芸備線や姫新線で運用されるため、集煙装置が基本装備となっていた

1969年 紀勢本線 紀伊田辺機関区

紀勢本線もトンネルが多く、
ここで運用される機関車は集煙装置を装備していた。
この機関車には鷹取式の集煙装置が取り付けられた

紀勢本線では集煙装置に加えて重油併燃装置も備えていた。これは石炭と共に重油も使って燃焼効率をあげるもの。ボイラ上のドーム後方に重油タンクが設置されている

集煙装置は正面から見てもボイラ上に大きく目立ち、山岳路線で活躍するC58形ならではの勇ましいスタイルとしていた

1963年 日豊本線 大分機関区

C58形でも「門デフ」を備えた機関車があったが、わずか13両に留まり、総両数に比べて少ない。C58112号は元のデフレクタを切り取った構造で、先端部が斜めに落ちている

1969年 日豊本線 大分機関区

C58350号は「門デフ」の標準的な形状のものを備えていた。この機関車は豊肥本線の客車列車や貨物列車の先頭に立って活躍していた

1971年 奥羽本線 横手機関区

横手機関区に配属されていたC58303号とC58403号は入換専用に使われていた。デフレクタによる排煙誘導は期待できない運用のため、両機ともデフレクタが撤去された

デフレクタを外すのは、運転室からの見通しを良くし、さらにシリンダ上部のメンテナンスの利便性にもつながった

| 釧網本線 | 原生花園仮乗降場〜北浜 |
| 1974年7月9日 | |

JNRマーク付きの「後藤デフ」を装備したC5833号。当初は右写真のC58385号に使われていたが、1973年度の同機廃車後、転用改造された

| 江差線 | 七重浜 |
| 1968年7月21日 | |

江差線の函館〜上磯間で走る朝の区間列車はC58形で運転され、上磯駅には転車台がないため、折り返しの上り列車は逆機運転で客車を牽引していた

写真：宮地元

根室本線 | **釧路**
1962年8月19日

C58385号は中国地方からはるばる道東に転属してきた機関車で「後藤デフ」を備えていた。デフの中央部には後藤デフオリジナルの動輪マークも

写真：牛島完

石北本線 | **網走**
1965年

この時代、網走駅には石北本線・釧網本線・湧網線の列車が発着していた。湧網線では9600形が使われていたが、それ以外はすべてC58形だった

写真：牛島完

| 東北本線 | 郡山 |
| 1965年8月25日 | |

郡山工場で全検を受けたC5841号が郡山駅の構内で試運転を行っていた。右側に連結された暖房車ホヌ30形も美しく、これも検査上がりだろう

写真：伊藤昭

| 陸羽西線 | 余目 |
| 1968年12月29日 | |

東北地方を横断する陸羽東西線では共にC58形が使用されていた。両線合わせて日本海側と東北本線を結ぶルートで貨物列車の往来も多かった

山田線　津軽石
1966年1月4日
山田線は区界峠に向かってトンネルが多く、当線で使用する宮古機関区配置のC58形には郡山式の集煙装置が搭載されていた

| 陸羽東線 | 羽前赤倉〜堺田 |
| 1971年1月4日 | |

陸羽東線は堺田駅をサミットとして18.2‰勾配が連続していた。ここでは1973年4月までC58形が客車列車や貨物列車の先頭に立っていた

二俣線　都田〜宮口　1970年11月17日　浜名湖北岸を走る穏やかそうに見える二俣線だが、宮口〜都田間などには25‰勾配もあり、一部の貨物列車では後部補機を使う運転もあった

写真：牛島完

宮津線　丹後山田　1963年7月　現在は京都丹後鉄道宮豊線の与謝野駅となっている場所だ。国鉄時代の宮津線では1970年までC58形や9600形が旅客列車や貨物列車を牽引していた

伯備線	布原信号場～備中神代
1970年11月7日	

伯備線から芸備線へと直通する旅客列車。先頭のC58175号は芸備線C58形の標準装備だった後藤式集煙装置を備え、さらに「後藤デフ」付きだ

宇部線	宇部
1970年代	

晩年はD51形も入線したが、宇部線ではC58形が架線下で貨物列車を牽いていた。C5810号は「後藤デフ」だが、当機だけの特殊形状だった

予讃本線	松山
1961年9月1日	

四国もトンネルが多く、多度津工場製の集煙装置が使われた。写真のC58295号では重油併燃装置も装備し、ドーム後ろに重油タンクがある

予讃本線	立間
1967年3月23日	

C58249号は1966年の愛媛県植樹祭で運転されたお召列車の松山〜宇和島間を担当。四国の路線は予讃本線ですら線路規格が低かったため、C58形が主力であった

九大本線 豊後森機関区　1971年11月4日　豊後森にあった機関区での様子。左端はキハ0741で、その隣は48676号。その向こうにC58277号とC5886号が並ぶ

写真：牛島宗

日豊本線 宮崎機関区都城支区　1963年3月　志布志線ではC58形が使用され、都城では日豊本線用C55形との出会いもあった。C58276号、C555号共に「門デフ」を装着、九州らしい情景

大動輪径1750mmを初採用
幹線旅客用の高速機

　大正時代に開発された革命的旅客用蒸気機関車だ。この時代、鉄道の輸送需要は爆発的な伸びを見せ、主要幹線の広軌化まで検討されたが、1818（大正7）年には1,067mm軌間での継続が決まった。そこで当時の限界いっぱいの大型旅客機として設計されたのがC51形だ。当初は18900形とされたが、1928年の形式称号改正でC51形となった。

　軸重は当時の規格では最大の15.0 tを採用、ボイラを最大限まで大きくした。また、動輪径も最大限としてスピード性能も向上させることになった。動輪径は1,750mmとなり、これが日本最大の旅客機C62形まで踏襲されている。ちなみに最高速度はC51形もC62形も100km/hだ。こうした動輪や大型ボイラを使いつつ軸重を抑えるため、軸配置は先輪2軸、動輪3軸、従輪1軸の2C1。この軸配置はパシフィックとも呼ばれるが、C51形は日本最初の採用例となった。

　C51形は東海道・山陽本線から導入が始まり、列車速度も大きく向上した。1930年から運転を開始した東京〜大阪間の特急『燕』では東京〜名古屋間を担当。すでに国府津まで電化されていたが、機関車交換の時間を惜しみ、電化区間もC51形による通し運転とした。さらに水容量を増やすため水槽車まで連結しての運転となった。

　その後、北海道から九州まで全国各地で活躍、最晩年は山陰本線などで引退を迎えた。

写真：伊藤威信

DATA

製造開始● 1919年
製造数● 289両
引退● 1965年
最高速度● 100km/h
全長● 19,994mm
最大軸重● 15.0 t

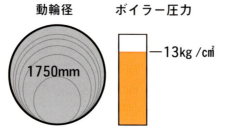

動輪径 1750mm

ボイラー圧力 13kg/c㎡

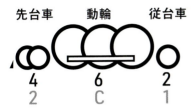

C51

主な走行路線

函館・東北・東海道・山陽・山陰・鹿児島本線など

直径1750mmのスポーク動輪、延長パイプ付き化粧煙突、給水加熱器、デフレクタ。さらに形式入りナンバープレートを掲げたC514号はC51形の魅力をすべて備えた機関車だった

1964年 信越本線 新津機関区

C51形のスポーク動輪は経年による変形も発生、C51193号など一部の機関車はボックス動輪に換装されていた。動輪が変わっただけでC51形とは別の機関車に見えた

C51193号は化粧煙突の上に大きな皿状の火の粉止めを備え、さらにヘッドライトもシールドビーム化。末期の無粋なC51形の姿だった

1953年 東北本線 尻内

写真：伊藤威信

戦前の特急『燕』の牽引予備機ともなっていたC51171号は、丹那トンネル開通後、東北本線運用に移動した。化粧煙突は18900形（28970号）時代のものが残り、末期まで原型を留めていた

1961年 東海道本線 梅小路機関区

写真：宮地元

C51271号は戦前にお召列車を複数回牽引している名機だったが、晩年はパイプ煙突化。山陰本線では1965年10月まで運行され、本州最後のC51形となった

写真：高田隆雄

東海道本線　国府津　1931年1月

東京〜大阪間を8時間20分と戦前では最速を誇った特急「燕」。機関車の交換時間を惜しみ、東京〜名古屋間はC51形がロングランした。水が不足するため、C51247〜249号の3両に専用の水槽車を連結して補った。国府津駅では30秒運転停車、後部補機を連結して箱根越えに挑んだ

関西本線	柘植
1961年3月5日	

柘植は加太越えを支え、草津線が分岐する要衝で、亀山機関区柘植支区が設置されていた。C51100号はテンダも形式入りナンバープレートだった

関西本線	亀山機関区
1961年3月5日	

C51255号はデフレクタや運転室に変わった装飾が施されていた。当機は1954年の伊勢行幸お召列車の先導列車を担当。デフレクタには3本の帯板が貼られていた

| 室蘭本線 | 遠浅〜沼ノ端 |
| 1962年8月21日 | |

この時代、北海道では苗穂・室蘭・岩見沢で合わせて20両以上のC51形が配置され、室蘭本線や函館本線の旅客列車を牽引していた

| 奥羽本線 | 大曲 |
| 1960年8月29日 | |

お召機のような装飾が施されたC51215号。1947年の東北巡幸の際、C51形牽引のお召列車が運行されているが、予備機だったかも知れない

羽越本線	酒田
1961年10月7日	

この時代、新津や秋田にC51形が配属され、羽越本線の旅客列車を担当していた。撮影からほどなく、C57形が導入され、C51形が引退していく

磐越西線	日出谷
1960年8月18日	

C51形は磐越西線でも1960年代半ばまで運用された。D51形牽引の貨物列車を日出谷駅で追い越す。C51217号のデフレクタは先端を斜め切り

| 東北本線 | 福島機関区 |
| 1950年4月29日 | |

この時代、福島には15両ものC51形が配置され、東北本線白河〜仙台間の旅客列車を担当していた。数年後、C59形へと置き換えが進んだ

| 磐越西線 | 喜多方 |
| 1960年8月18日 | |

磐越西線の旅客列車を牽くC514号。皿状の火の粉止めが無粋だが、形式入りナンバープレートを備え、C51形らしさを残した機関車だった

写真：宮地元

草津線	油日〜柘植
1961年3月5日	

C51100号は1951年の三重行幸の際、お召列車牽引機を務め、そのほかに何度もお召予備機に指定されている。亀山機関区のエースだった

写真：牛島完

紀勢本線	亀山機関区
1963年7月29日	

亀山機関区は明治時代の関西鉄道亀山機関庫に始まる歴史ある車両基地だ。C51形は昭和初期から配置され、1963年頃まで運用されていた

山陰本線	上井
1962年3月7日	

本州で最後までC51形が活躍したのは山陰本線だった。上井（現・倉吉）に停車中のパイプ煙突C51260号は最晩年、米子機関区所属だった

日豊本線	鹿児島
1965年3月	

C51形が貨物列車を牽く珍しいシーン。写真のC5194号はこれから半年後の10月14日運行を機に廃車。これがC51形最後の営業運転だった

3シリンダの研究を兼ねた輸入機
アメリカンロコモーティブ製

　国鉄初の3シリンダ式蒸気機関車だ。大正時代、イギリス、ドイツ、アメリカなどで、シリンダを車体の両わきだけでなく、中央部にも設けた3シリンダ式が実用化された。牽引力に優れ、高速運転での動揺も少ないとされ、日本でも導入が検討された。ただし、当時の日本には3シリンダ式を開発する技術がなく、アメリカのアルコ社から機関車本体のみサンプル的に6両が輸入された。当初は8800形と呼ばれ、テンダはD50形に準じたものが日本で製造されている。

　国鉄では明治末期のマレー式などを最後に蒸気機関車は国産としていた。8800形は国鉄制式機としては最後の輸入機でもある。1928年の形式称号改正でC52形となった。

　2シリンダの排気は動輪1回転で4回だが3シリンダでは6回となりボイラの燃焼効率も良いとされたが、C52形の燃料成績は芳しくなく、さらに中央シリンダの保守整備も手間で、現場で敬遠されたという。当初は東海道本線で旅客列車を牽いていたが、1932年には全機休車となってしまった。

　その後、再整備されて山陽本線瀬野～八本松間の勾配補助機関車として起用された。残念ながら力不足で、戦時中に引退。晩年は下関駅の入換に使用されている。

DATA
製造開始● 1925年
製造数● 6両
引退● 1950年
最高速度● 90km/h
全長● 20,031mm
最大軸重● 16.7 t

動輪径

1600mm

ボイラー圧力
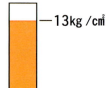
13kg/cm²

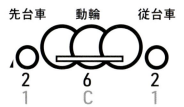

主な走行路線

山陽本線・瀬野〜八本松間の補機など

写真：西尾克三郎

国鉄最後の輸入機で、シリンダまわりや煙室前面板をボルト締めとした造作などにアメリカ機を感じさせる。第2動輪上の筒状の部品はアルコ式動力逆転機。スタイルは無骨ながら各部にアメリカの最新装備が盛り込まれていた

C53

主な走行路線

東海道・山陽本線

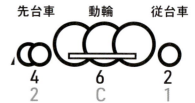

C53形フロントデッキの斜めになった部分は中央シリンダも含め3つのシリンダを覆うためのもの。煙室扉もこの覆いとの干渉を避けて下辺が直線になっている。ボイラ上のドームは1つだが、これは大型ボイラを使いながら重心を下げる工夫でもあった

3シリンダと大動輪径の組み合わせ
輸送力を格段に増した特急車両

　3シリンダ式では最初で最後の国産機だ。昭和初期、東海道・山陽本線ではC51形が特急をはじめとする旅客列車の先頭に立っていたが、客車が木造から鋼製へと移行し、車両重量増加で牽引力が不足してきた。そのため、C51形の高速性能とD50形の大型ボイラを組み合わせた旅客機が開発されることになった。さらに動力部はC52形の経験を元に全面的改良を加えた3シリンダ式として、3シリンダの長所を盛り込んだ機関車に仕上げている。

　C53形はC51形より約30％の出力強化を果たした。就役以来、東海道・山陽本線の主力旅客機として活躍することになる。

　C53形では直線的なすっきりしたスタイルも特徴だった。煙突もC51形やD50形のようなチムニーキャップの飾りは使わず、シンプルなパイプ状のものが初採用されている。一方、世界的な流線型デザインの流行もありC5343号機は流線型に改造され、これも話題を集めた。

　1941年にC59形が誕生すると、C53形は主役の座を奪われる。やはり中央シリンダの保守がネックだったのだ。大型機ゆえ、ほかの路線に転ずるのも難しく、戦後まもなく引退してしまった。

写真：八十島義之助

動輪径 1750mm

ボイラー圧力 14kg/c㎡

DATA

製造開始● 1928年
製造数● 97両
引退● 1950年
最高速度● 100km/h
全長● 20,625mm
最大軸重● 15.4 t

1963年 東海道本線 浜松工場

C53形は1950年までに引退したが、C5357号は廃車後、浜松工場で公式側（写真の裏側）を切開して教習資料とされた。デフレクタも片側のみ残されている。貴重なC53形だったが、撮影からほどなく解体された

写真：宮地元

1933年頃 東海道本線 沼津機関区

C53形はボイラ上のドームが1つで真横から見るとすっきりしている。砂箱は第2動輪と第3動輪の上のエアータンクとコンプレッサの間、給水加熱器はフロントデッキ下に納められ、重心を下げるのに一役買っている

写真：八十島義之助

東海道本線	国府津
1931年1月	

54〜55pで紹介した特急『燕』の連続写真。国府津駅30秒運転停車で、列車最後尾にC53形を連結、御殿場に向かう25‰の急勾配を支えた

東海道本線	国府津
1931年1月	

『燕』の最後尾にはスイテ37020形（のちスイテ48形）が連結されている。このデッキからC53形の3気筒ドラフト音を聞いてみたかった

C59

主な走行路線

東北・東海道・山陽・鹿児島本線、呉線 など

旅客　貨物
タンク　テンダー

先台車　動輪　従台車
4　6　2
2　C　1

旅客用大型機として東海道・山陽本線などで活躍したC59形。写真のC59161号では先輪の種類が違う点に注目したい。第1先輪はC59戦前形に使用された縁付きスポーク車輪、第2先輪は戦後形標準のプレート車輪となっている

C53を継ぐ特急用車両として開発
大容量ボイラを搭載した高性能車

　C59形は東海道・山陽本線の主力機として活躍していたC53形の後継として開発された機関車だ。C53形は性能的に優れていたが、3シリンダという特殊な構造があだとなって保守に難があった。昭和初期には溶接を多用するなどして国鉄の近代化標準機の技術が確立し、C59形はそれを活用した第4番目の機関車として誕生した。

　C59形はC57形の足まわりに大型ボイラを搭載した設計で、長距離運転に備えテンダも石炭10t・水25㎥と国産旅客機では最大容量としている。性能も優れ、戦前生まれの蒸気機関車としては技術・スタイル共に洗練された機関車となっている。

　東海道・山陽本線で旅客列車の主力機として活躍したが、戦後は電化の延伸で徐々に活躍の場が少なくなっていく。一部は東北・鹿児島本線に転じたが、最大軸重は16.2tもあり、入線できる区間は限られていた。そのため、1953年以降、軸重を軽減したC60形へと改造もされた。東北本線北部や鹿児島本線南部にはC60形として入線している。最晩年は線路規格の高かった呉線で使用され、同線の電化で引退となった。

DATA
- 製造開始● 1941年
- 製造数● 173両
- 引退● 1970年
- 最高速度● 100km/h
- 全長● 21,360mm
- 最大軸重● 16.2 t

動輪径 1750mm

ボイラー圧力 16kg/㎠

戦前型（C591〜C59100）

1963年 東北本線 仙台機関区

C591〜100号は初期に製造されたグループで「戦前形」と呼ばれる。外観的にはテンダ形状や逆転機が手動式となっている

写真：山田清

C5990号は山陽本線の電化延伸で、東北本線に転身。東北本線で最後まで運用されたC59となった。煙突には皿状の部品が付いているが、沿線火災を防ぐ火の粉止めだ

写真：山田清

戦後型（C59101〜C59196）

1967年 山陽本線 糸崎機関区

C59101〜196号は戦後に製造されたグループで「戦後形」と呼ばれる。逆転機が動力式となり、テンダも船底型に変更されている

C59162号の運転室は側窓を下方に拡大、さらに固定式の明かり窓を増設している。この改造は1955年ごろ広島工場で実施され、C59形では10数両が施工された

1966年 山陽本線 糸崎機関区

様々に変更が施された後期形。大きな違いはボイラー室左右に延びるパイプが、前面下部へと延びている点

東海道本線	名古屋
1953年10月	

東海道本線の普通列車を牽くC59117号。右に電化用の架線柱も見える。電化は1949年浜松、1953年名古屋と西進、C59形を追い詰めていった

東北本線	仙台
1960年9月2日	

上野行き急行『吾妻』の先頭に立ち出発を待つC5951号。この時代、東海道・山陽本線の電化で余剰となったC59形は東北本線に転身していた

山陽本線	垂水〜舞子
1953年5月4日	

C59形は京都〜博多間を結ぶ戦後初の山陽特急『かもめ』の牽引も担当した。C59100号は同年2月にお召列車予備機として特別整備を実施した

山陽本線	八本末〜瀬野
1961年1月4日	

電化用ポールが立ち並んだ「セノハチ」を行くC59102号。先頭部デッキに吊掛け標識灯をかけているが、山陽本線では標識灯使用が標準だった

東海道本線	京都～山科
1955年3月	

特急の牽引はC62形に譲ったものの、東海道本線の主力旅客機として電化まで急行などを牽引した。この付近は東海道本線で一番最後に電化された区間でもあった

呉線	仁方～安芸川尻
1966年12月25日	

C59形最後の活躍の場となった呉線を走るC59161号。最晩年は161・162・164号と3両が残り、急行や普通、荷物列車の牽引を担当していた

鹿児島本線	門司
1960年3月17日	

他線区の電化が進み 1956 年からは九州でも運用が開始された。優等列車などの牽引をしたが、1961 年の門司港〜久留米電化や 1965 年の久留米〜熊本電化によって引退

山陽本線	広島機関区
1970年9月30日	

C59 形最後の運転は 1970 年 9 月 30 日の上り寝台急行『安芸』だった。この日はヘッドマークのほかに、お別れ記念装飾も施した運転となった

C60

主な走行路線

東北・奥羽・鹿児島・長崎本線など

旅客 / 貨物
タンク / テンダー

先台車 動輪 従台車
4 6 4
2 C 2

C59形を軸重軽減改造して誕生したC60形。写真のC6037号は鹿児島機関区に配属され、転属することなく最後まで運用された

C59形を改造して軸重を軽減
特急列車でも活躍

　幹線電化で余剰となったC59形を活用するため、軸重を軽減する改造を施したのがC60形だ。改造のポイントは従台車を1軸から2軸に増やし、車両重量を分担して動輪にかかる最大軸重を16.2tから15.0tとしている。これにより入線限界が特甲線（のち1級線相当）から乙線（のち3級線相当）へと大きく広がり、例えば東北本線北部や鹿児島本線熊本以南、長崎本線での運用も可能になったのだ。

　C60形のタネ車となったC59形は戦前生まれの機関車だったが、戦後も量産が続いていた。戦後型はボイラに燃焼室が追加されて構造が若干異なる。そのため、C60形では戦前型改造車をC601～C6039号、戦後型改造車をC60101～C60108号と番台区分している。

　前身のC59形は特急牽引機としても活躍したが、C60形も東北本線で『はくつる』、長崎本線で『さくら』といったブルートレインの先頭に立っている。特に東北本線盛岡～青森間は東北本線最高地点となる十三本松峠という勾配区間があり、ここではC61形との重連で運用されていた。ブルートレイン牽引は電化を待たずにDD51形で置き換えられたが、C60形にとっては晴れの舞台だった。

DATA
製造開始● 1953年
製造数● 47両
引退● 1970年
最高速度● 100km/h
全長● 21,360mm
最大軸重● 15.0 t

動輪径 1750mm

ボイラー圧力 16kg/㎠

戦前型改造車（C601〜C6039）

1963年 東北本線 青森機関区

C608号は仙台→鹿児島→青森と移動しながら各地で活躍した。最晩年は電化の進展を受け、シールドビーム副灯も取り付けた

C608号はC5961号からの改造車。C59形と異なる点は、従台車が2軸になっていること。この機関車には旋回窓取付けも行われた

1964年 東北本線 盛岡機関区

C603号は1963年5月の青森県植樹祭で運転されたお召列車の牽引機。撮影時もライン装飾などその時の装備がまだ残っていた

1968年 鹿児島本線 鹿児島機関区

C6024号はデフレクタ支えの形状が特殊だった。寒地向けのツララ切りとしてこのような例があったが、同機は終始九州で活躍

1970年 鹿児島本線 熊本機関区

C6018号は盛岡機関区に新製配置、東北本線で活躍してきた。同区では降雪に対応する旋回窓を取り付け、さらに煙突の両わきに盛岡式と呼ばれる小型デフレクタを追加している。1968年の東北本線電化後、九州に転じて鹿児島本線で運用された

C6018号は盛岡機関区時代に煙突両わきの盛岡式小型デフレクタを装着。九州に転じたのちも外すことなく目立つ存在だった

| 東北本線 | 御堂〜奥中山 |
| 1964年3月31日 | |

D51形後部補機と力を合わせて奥中山の連続勾配に挑むC602号。この時代は盛岡式小型デフレクタに合わせ、シールドビーム副灯も増設

写真・牛島完

| 東北本線 | 奥中山〜西岳信号場 |
| 1964年3月 | |

奥中山を中心とした十三本木峠越えでは3重連運転も頻繁に行われていた。C60形牽引の急行『おいらせ』に2両の回送機を付けて3重連に

| 東北本線 | 長根信号場〜滝沢 |
| 1967年1月8日 | |

雪原を走るC60形牽引の普通列車。1968年8月の電化を控え、廃止となる旧線の近くに、別ルートにて複線化も実施されている

| 常磐線 | 日立木〜鹿島 |
| 1967年1月13日 | |

C607号牽引の普通列車。C607号は盛岡時代に盛岡式小型デフレクタとシールドビーム副灯を設置。この時代は仙台運転所配置で常磐線を担当

奥羽本線	東能代
1966年1月7日	

昭和30年代半ば、青森機関区にはC61形に続いてC60形も配置され、東北本線一ノ関〜青森間と共に奥羽本線秋田〜青森間の運用も始まった

長崎本線	長崎
1963年10月19日	

1961〜1964年、C60形は鹿児島・長崎本線博多〜長崎間でヘッドマークを掲げ、ブルートレイン『さくら』などの牽引を担当していたこともある

鹿児島本線 上田浦〜肥後二見
1968年1月11日
C60形牽引の普通列車。列車の最後尾にはD51形も連結している。この区間では補助機関車の必要もなく、有火回送の機関車と思われる

鹿児島本線 肥後二見〜上田浦
1968年1月11日
八代海沿岸を走るC60形牽引の普通列車。鹿児島本線熊本〜鹿児島間では1970年夏の電化までC60形がC61形やC57形と共に活躍していた

戦後型改造車（C60101～C60108）

1970年 鹿児島本線 鹿児島機関区

C59戦後形改造のC60形は写真のC60102号のように100番代となっていた。船底型テンダ、プレート方式の先輪などに戦後形の特徴がある

1968年 日豊本線 鹿児島機関区

C60107号は鹿児島機関区に新製配置されて以来、生涯を鹿児島本線で活躍。最晩年まで大きな改造は受けず、原型に近かった

1967年 常磐線

常磐線で活躍したC60101号。プレート車輪となった先輪が100番代の特徴のひとつ。運転室前面には旋回窓も取り付けている

鹿児島本線 串木野〜津奈木
1963年10月17日
鹿児島行きの急行『霧島』の先頭に立つC60102号。この写真でも船底型テンダが確認できる。機関車の後ろは荷物車、寝台車と続いている

奥羽本線 大釈迦〜鶴ヶ坂
1962年5月3日
奥羽本線時代のC60108号。C60形のラストナンバー機だ。煙突に皿型の火の粉止めが設置されているが、青森配置のため、盛岡式デフはなかった

C62

主な走行路線
函館・東北・東海道・山陽・山陰・鹿児島本線、常磐線、呉線など

旅客	貨物
タンク	テンダー

先台車　動輪　従台車
4　6　2
2　C　1

写真：宮地元

C62形はD52形の大型ボイラをC59形の走り装置を組み合わせた日本最大の旅客用蒸気機関車。写真は山陽本線で活躍していた時代。標識灯はフロントデッキの給水加熱器覆いに釣掛け式のものを随時掛けていたが、広島では1960年頃から端梁部への埋め込みも実施

日本初のハドソン軸配置機関車
狭軌で世界最速をレコード

 日本最大の旅客用蒸気機関車だ。戦後、余剰となっていた貨物用大型機D52形のボイラを活用、ここにC59形の走り装置を新製して組み合わせるかたちで誕生した。テンダを除く機関車本体の重量は88.8 tに達し、これも蒸気機関車では日本最大となった。この重量を支えつつ軸重を制約内に納めるため、軸配置は先輪2軸、動輪3軸、従輪2軸の2C2。同時期に開発されたC61形と同様、日本最初のハドソン軸配置採用機だ。

 C62形の巨大さは重量や軸配置だけでなく、ボイラが大きいため、ボイラ上に取り付ける汽笛などの処理も苦労している。一般的には垂直に立てるところをC62形では斜めにして車両限界内に納めている。

 C62形は東海道・山陽本線をはじめ、東北本線や常磐線にも導入、特急・急行を中心に活躍した。C62形は2軸従台車を調整することで最大軸重を16.1 tから15.0 tに軽減できる設計だった。電化の延伸で函館本線にも導入されているが、これは軽軸重化改造を施しての転用だ。ここではC62形重連運転も実施され、大きな話題になった。

 1954年には今後の高速運転に向けた鉄橋強度の確認で、C6217号を使った試験も実施されている。この時、129km/hを記録、これは狭軌の蒸気機関車で世界最高速度だ。

動輪径 1750mm

ボイラー圧力 16kg/c㎡

DATA

製造開始● 1948年
製造数● 49両
引退● 1973年
最高速度● 100km/h
全長● 21,475mm
最大軸重● 16.1 t

1966年 山陽本線 糸崎機関区

1960年頃から広島鉄道管理局では前部標識灯を端梁部、後部標識灯をテンダ端面へと埋め込み、また砂撒き管もボイラケーシングの外に出して、山陽本線C62形の特徴となった

1967年 常磐線 平機関区

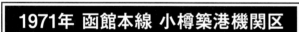

交流電化が進むと架線下での電球交換は危険とされ常磐線では1963年からシールドビームの副灯を併用。ほとんどの機関車に実施した

1971年 函館本線 小樽築港機関区

シールドビームの副灯取り付けは北海道でも実施された。さらに小樽築港機関区では煙室扉上に標識灯を付けた時代もあり3灯(108ページなど)になったこともある

軸重の変更

1966年 常磐線 平機関区

C62形は軸重を16.1 tから15.0 tに変更できた。これは先台車の担いバネを増強、従台車枠のバネ釣合梁の位置を45mmずらして動輪にかかる重量バランス変えるもの。外観上の変化はない（写真上は原型、下は軽減機）

常磐線では1958年頃、煙室扉下に列車番号を表示した。これは一時的な試みに終わったが、C6210号などにその表示装置のステーが残っていた

東海道時代のC62形は高速運転用として重油併燃装置が使われた。北海道では勾配対策として1962年にかけて再装備。テンダ後部に重油タンクが載っている

1966年 函館本線 五稜郭機関区

東海道本線　名古屋
1952年8月28日

東海道本線では1950年10月からC62形が浜松以西の特急牽引を担当。浜松〜大阪間約300kmをロングラン、名古屋駅では給水が実施された

東海道本線　大垣付近
1953年12月29日

この時代、東京〜大阪間は「つばめ」「はと」と2往復の特急が運転され、さらに多客期は臨時特急「さくら」も設定された。すべてC62形が担当

東海道本線 | 名古屋～熱田
1950年10月

浜松～名古屋電化が進められた時代、東海道本線では浜松・名古屋・宮原などに20両を超えるC62形が配置され、特急から普通まで活躍していた

東海道本線 | 大垣付近
1952年8月27日

大阪行きの下り「つばめ」を牽くC6213号。浜松機関区に配属され、浜松から大阪まで約300km、機関車交換なしのロングラン運転を実施した

山陽本線	八本松〜瀬野
1961年1月4日	

戦後3番目の特急として1953年から京都〜博多間を結ぶようになった「かもめ」もC62形が担当した。「セノハチ」の急坂を下っていく

山陽本線	由宇
1962年3月3日	

C59形牽引の普通列車を追い越していくC62形急行列車。1964年7月の横川〜小郡（現・新山口）間の電化をめざして架線柱の設置も始まった

| 山陽本線 | 下関機関区 |
| 1963年7月21日 | |

「かもめ」は1961年10月で気動車化。この時代のC62形は「あさかぜ」「さくら」「はやぶさ」といったブルートレインの先頭に立っていた

写真：牛島完

| 山陽本線 | 下松～光 |
| 1962年3月3日 | |

瀬戸内海沿いを走るC6225号牽引の上り列車。海側の道路は現在の国道188号線だが、当時は交通量も少なかった。写真右端にはオート三輪も

写真：宮地元

呉線	広
1966年12月24日	

1970年の電化までC62形が活躍した呉線では朝夕に広〜広島間の通勤列車が多数運行されていた。ここでは折り返しのため逆行運転も行われた

呉線	忠海〜安芸幸崎
1969年1月2日	

急行「安芸」は1968年12月から呉線の区間だけヘッドマークを掲げて走るようになった。特急牽引をほうふつさせるC62形の雄姿となった

| 呉線 | 大乗〜忠海 |
| 1966年12月24日 | |

長年山陽本線で活躍してきたC6234号の最後の活躍の場は呉線だった。この角度から見ると巨大なボイラを持つ巨人機ということが判る

| 岩徳線 | 西岩国〜川西 |
| 1966年12月24日 | |

岩徳線は元山陽本線で線路規格が高く、C62形も入線可能だった。そのため、山陽本線全線電化後の1964年10月〜1967年9月にC62形余剰機が活用された

東北本線	東京
1960年6月26日	

東京駅から常磐線に直通する普通列車は1961年5月31日までC62形が牽引していた。東京駅を発着する最後のSL定期列車はC62形だったのである

東北本線	上野
1960年6月26日	

東北地方初の特急として1958年に誕生した「はつかり」は1960年12月の気動車化までSL牽引だった。常磐線上野～仙台間はC62形が担当

| 常磐線 | 松戸〜金町 |
| 1954年10月14日 | |

常磐線は1961年6月の取手〜勝田間電化までC62形が上野発着で運行していた。人気急行「北斗」も上野〜仙台間をC62形による牽引だった

| 常磐線 | 富岡〜夜ノ森 |
| 1963年3月15日 | |

C6211号は1961年の取手〜勝田間電化を受けて尾久機関区から水戸機関区を経て仙台機関区へと移転した。常磐線全線電化待たずに引退した

常磐線	平
1967年3月5日	

1965年10月改正で常磐線経由のブルートレイン「ゆうづる」が誕生、平（現・いわき）～仙台間をC62形が担当した。1年ぶりの特急牽引だった

常磐線	金山信号所
1967年9月30日	

常磐線は1967年秋に全線電化が完成。SL最終日の急行「第1みちのく」はお別れのヘッドマークを掲げたC6222号による運行だった

| 常磐線 | 佐和〜勝田 |
| 1959年頃 | |

1958年10月に誕生した特急「はつかり」は旧型客車を青く塗った専用編成で運行された。先頭に立つC6223号は尾久機関区のエースだった

写真：宮地元

| 東北本線 | 仙台 |
| 1960年8月20日 | |

客車時代の「はつかり」は上野〜仙台間をC62形が担当、ここでC61形と交代した。左側にC61形が停まっているが、これは別列車と思われる

函館本線	小沢
1971年9月14日	

山火事かと思うような黒煙を上げて20‰勾配に挑むC62形重連の急行「ニセコ」。先頭は前年まで呉線で活躍していたC6215号だった

函館本線 | 小沢〜倶知安
1971年5月28日

函館本線の山線こと長万部〜小樽間は20‰勾配が幾重にも立ちはだかる難所で、ハイパワーのC62形も急行列車となれば重連で対応していた

函館本線 | 然別〜銀山
1971年9月15日

急行列車のDL化が決まった年、SLファン向けに何度か3重連運転が実施された。9月15日はその最終日で、全国から大勢のファンが集まった

| 函館本線 | 長万部 |
| 1971年1月20日 | |

C622号は東海道の特急「つばめ」牽引時、デフレクタにツバメのマークを掲げた。函館本線に転じた後も残され、SLファンの人気を集めた

| 函館本線 | 倶知安 |
| 1968年7月2日 | |

ツバメマーク付きのC622号を先頭に倶知安駅を出発する急行「ていね」。山線では「大雪」「まりも」などもC62形重連で運転されている

| 函館本線 | 札幌 |
| 1966年8月20日 | |

函館本線の小樽〜旭川間電化までC62形は函館〜旭川間で運用された。写真は地上駅時代の札幌駅で出発を待つ網走行きの急行「石北」

| 函館本線 | 七飯 |
| 1970年2月20日 | |

C62形は急行列車だけでなく、普通列車の牽引も務めた。最晩年は1972年秋まで長万部〜小樽間の普通列車を担当したが、重連運転はなかった。写真は朝の函館近郊

函館本線 二股〜蕨岱
1968年6月29日
写真のC622号はシールドビーム副灯共にp 90で紹介した煙室扉上部の標識灯も付けた3灯時代の急行『ていね』

函館本線 上目名〜熱郛
1971年1月27日
厳冬期、降り積もった雪を跳ね飛ばしながら走るC622号。雪化粧をしたツバメマークが黒い車体にひときわ目立ち、印象的なシーンだった

C54

主な走行路線
東北・山陰本線、福知山線など

旅客 / 貨物
タンク / テンダー

先台車 動輪 従台車
2 C 1

C51形の軽量化改良版
初めてデフレクタを採用した機関車

　大正時代に量産されたC51形の改良型として昭和初期の1931年に登場した機関車だ。C51形より下級の路線でも使えるように軽量化されたが、逆に空転しやすくなってしまい、乗務員には不人気だったという。ほどなく、さらに改良型のC55形が登場したこともあり、C54形の製造はわずか17両に留まっている。

　C54形の設計では軽量化のほかにも様々な新機軸が盛り込まれている。例えば先頭部両側に屏風のようなデフレクタ（除煙板）が取り付けられた。国鉄機では初めての本採用で、効果も認められたことからその後の基本装備となった。また、先頭のデッキ部に円筒状の給水加熱器が設置された。これは重量配分の視点でここに設置されたが、以降の高速旅客機では標準位置となった。

　当初、東北各地に分散配置されたが、早々に福知山に集中配置となり、山陰・播但線で使われるようになった。C54形では軽量化が原因と思われる台枠関連の劣化もあり、更新的修繕も行われたが、そのまま廃車されたものもある。ただし、動輪の状態が良かったので、廃車機の動輪はC51形の交換修繕に活かされたともいう。

C54形は大正期と昭和期のデザインが混在、いかにも過渡期の機関車という感じがする。2つのドームにスポーク動輪、さらにはリベット組み立てのごつい運転室やテンダに古さを感じさせる。一方、先端部を斜めに落としたデフレクタは新鮮だ。この混在感がC54形ならでの独特な魅力のようだ

写真：宮地元

動輪径 1750mm

ボイラー圧力 14kg/c㎡

DATA

製造開始●	1932年
製造数●	17両
引退●	1963年
最高速度●	100km/h
全長●	20,375mm
最大軸重●	14.0 t

1963年 山陰本線 浜田機関区

浜田のC5410号はC54形で最後まで運用されていた1両だ。1963年10月に引退した

この角度から見るとリベット組み立てのテンダや運転室が印象的で、大正期に製造されたC51形やD50形をほうふつさせるフォルムとなっている

写真：牛島完

1963年 山陰本線 浜田機関区

C5410号はパイプ煙突やフロントデッキ上の給水加熱器などオリジナルの姿が最後まで残っていた。惜しむらくはヘッドライトのシールドビーム化だろうか

テンダに取り付けられたヘッドライトはオリジナルのものと思わる。テンダ背面もリベットが並んでごつい

山陰本線	浜田
1963年3月4日	

C5417号はC54形のラストナンバー。長年、福知山の配属だったが、1961年に浜田機関区に移動。1963年秋の引退まで山陰本線西部で運用された

山陰本線	波根〜田儀
1962年3月5日	

山陰本線の景勝地を走るC54形。C54形は老朽化したC51形の置き換えとして導入されたが、結果的にC51形より早く引退となった

写真：八十島義之助

東北本線	福島
1936年以後	

C541号機は1932年に竣工、仙台機関庫に配属となった当時は形式入りプレート。その後、福島に移動となったが、1943年まで東北本線で旅客列車の先頭に立った

C55

旅客 | 貨物
タンク | テンダー

先台車 動輪 従台車
4 6 2
2 C 1

主な走行路線

宗谷・函館・奥羽・関西・山陰・筑豊・日豊本線など

C55形は屏風のようなデフレクタ、パイプ煙突、砂箱と蒸気溜めを1つにまとめたドーム、そして前面を斜めに落とした運転室など、ぐっと近代感が増した

蒸気ドームと砂箱を隣接一体化
流線形デザインも登場した機関車

　C51形・C54形の改良型として1935年に登場した機関車だ。主要寸法はC54形と同じだが、台枠は従来の板台枠から強度の優れた棒台枠に変更、またボイラの蒸気ドーム位置を中央部に下げ、急停車時もボイラ水を吸い込まないように工夫している。さらに蒸気ドームと砂箱を隣接させ、ドームを一体化、ボイラ上をすっきりさせている。

　動輪は当時標準のスポーク方式だが、リム（車輪の内側部分）にリブを付けて補強している。ファンには「水かき」とも呼ばれた構造で、これもC55形の特徴となった。このほか、テンダ台車に揺れ枕式を採用、高速走行時の動揺も減らしている。

　C55形の量産時期、世界的に流行していた流線型デザインを取り入れることになり、C5520～40号は流線型となった。戦後標準化改装されたが、屋根の深いキャブやU字形になった安全弁などに名残を残していた。

　C55形は北海道・東北・関西・九州などで運用されたが、九州ではデフレクタの形状を通称「門デフ」と呼ばれるものに改装したものも多かった。これはシリンダ部の整備を容易くする構造で、ほかの機関車でも採用されているが、C55形は見た目にも門デフとの相性がよく、ファンに特に好まれた。

動輪径 1750mm

ボイラー圧力 14kg/c㎡

DATA
製造開始● 1935年
製造数● 62両
引退● 1975年
最高速度● 100km/h
全長● 20,380mm
最大軸重● 13.6 t

1968年 肥薩線 吉松

フロントデッキに横たわる筒は給水加熱器。C55形ではその取り付けベルトがワンポイントとなり、C54形よりおしゃれな雰囲気

1968年 宗谷本線 稚内

北海道のC55形は気象条件に対応して運転席を密閉式に改造している。シールドビームの副灯や皿状の火の粉止めも北海道標準装備だ

1965年 日豊本線 宮崎機関区

C55形は「門デフ」化された車両が多く、全62両のうち27両に装備されている。C57形と共に門デフが似合う機関車でもあった

1974年吉都線 小林

C5552号は「門デフ」の中でも特殊な形状。同様のデフレクタは存在せず、当機のみ。現在も吉松駅前に美しい姿で保存されている

1953年 東海道本線 名古屋

C5538号は流線形で落成。戦後、一般形に改装されている。この角度から見ると屋根が深く、流線形時代の造作が残っている

写真：宮澤孝一

流線形改造のC5527号。運転室は密閉式構造で、屋根が深くなっている。ナンバープレート横の装備はタブレットキャッチャだ

C55形の動輪はスポークというだけでなく、車輪リム部分に「水かき」状のリブが付いている。強度を増す工夫で、C55形が唯一採用

1968年 肥薩線 吉松

1次形のC555号。真横から見ると「門デフ」付きC55形の美しさが際立つ。ボイラ上のドームは前後正対称ではなく、後部がやや緩いカーブを描き、方向性を演出している

1968年 筑豊本線 直方

3次形となるC5546号。1次形との違いは、テンダの台車位置を調整して全車軸間距離を240mm短縮。地方幹線で使われていた50呎ターンテーブルに載せやすくする配慮だった

1969年 肥薩線 吉松

C5520～C5540号は流線形で造られ、2次形となる。C5533号は一般形への復元改装車。運転室は前面が平らで、屋根が深く、構造は密閉式。裾に斜めの飾りも付いている

東海道本線 | 宮原操車場 | 1936年頃　流線形で誕生したC55形のトップとなったC5520号。高速走行時の空気抵抗を減らすというより、当時の世界的流行に同調したというところだ

写真：高田隆雄

写真：高田隆雄

東海道本線	宮原操車場
	1936年頃

一般の蒸気機関車に比べると奇異なスタイルだが、当時は一定のデザイン評価を受けたようだ。東海道本線の特急牽引などでしばし活躍した

写真：高田隆雄

東海道本線	京都～山科
	1940年頃

山科付近を走る流線形C55牽引列車。よく見ると機関車の足まわりのカバーが外されている。保守点検がやりにくいと徐々に外されていった

東海道本線	宮原操車場
1936年頃	

東海道本線では一般形のC55形も使用されていた。テンダの後方に通気口のような構造物が見える。正体は判明しなかったが、面白い構造物だ

写真：高田隆雄

写真：宮澤孝一

東海道本線	熱田
1952年10月	

東海道本線で客車を牽くC5524号。この時代、東海道本線といえばC62形やC59形の活躍が有名だが、普通列車ではC55形も使用されていた

写真：高田隆雄

東海道本線	由比〜興津
1937年1月	

富士を背に由比海岸を走るC5510号牽引の旅客列車。当機は1935年製造、名古屋機関庫に新製配置され、1939年まで東海道本線で使用されている

| 宗谷本線 | 下沼 |
| 1974年7月3日 | |

宗谷本線では1974年暮れまでC55形が活躍していた。C5530号は1974年10月で休車となり、残念ながらC57形に置き換えられてしまった

| 宗谷本線 | 名寄 |
| 1970年2月19日 | |

名寄駅を出発する稚内行き列車。スノープラウを付けた冬期仕様のC5543号はこの撮影の1か月後に廃車となり、解体されてしまった

| 宗谷本線 | 抜海〜南稚内 |
| 1968年7月6日 | |

宗谷本線から唯一日本海が見える景勝地を走るC55形。天候が良いと沖合に利尻島や礼文島も見え、最北の駅・稚内到着のフィナーレとなる

筑豊本線	直方～勝野
1969年3月18日	

直方駅を出発するD60形牽引の貨物列車。この日はC55形の回送機関車を前部に連結。しかもこちらは逆行運転と極めて珍しい姿となった

筑豊本線	筑前山家～筑前内野
1971年7月30日	

筑前山家～筑前内野間は25‰急勾配の山越え。冷水峠として知られた筑豊本線最大の難所で、C55形単機で挑む旅客列車は煙を良く上げた

肥薩線	吉松
1969年3月22日	

吉松駅を拠点とする肥薩線と吉都線は南九州に残ったC55形の聖地だった。ここでは旅客列車だけでなく、貨物列車もC55形が担当していた

日豊本線	隼人
1970年8月5日	

肥薩線の旅客列車は隼人駅から日豊本線に直通して鹿児島まで連絡した。C55形は1973年3月まで鹿児島〜隼人〜吉松間を担当していた

C57

主な走行路線

室蘭・総武・羽越・東海道・山陽・北陸・山陰・日豊本線など

旅客	貨物
タンク	テンダー

先台車　動輪　従台車
4　6　2
2　C　1

均整の取れたスタイルでSLファンに人気のある機関車だ。C55形の改良型という位置付けだが、動輪がスポークからボックスに替わり、ドーム形状もよりスマートになった

C55形の改良版、高性能旅客機
さまざまな列車に活用された機関車

　亜幹線などで使用する中型旅客機として開発された機関車だ。流れとしてはC55形の改良型になるが、D51形で確立した近代化標準機の方式を踏襲しているのが特徴だ。

　基本寸法はC55形とほぼ同等だが、ボイラ圧力を14kg/㎠から16 kg/㎠へと強化し、性能アップをはかっている。また、動輪はスポークからD51形で初採用されたボックス（箱型）となった。丸い穴の開いた輪芯部は2枚構造で箱状に構成されていることから、この名称がある。

　こうして完成したC57形は性能が優れ、形態も優美。現場でも使いやすい機関車となり、北海道から九州まで全国各地で広く運用された。高速性能を活かし、各地で急行列車の牽引機としても活躍しているが、『かもめ』やブルートレイン『さくら』といった特急列車の先頭に立つこともあった。一方、日豊本線や肥薩線などで貨物列車を牽くこともあり、幅広い活躍をしている。

　国鉄のSL最晩年まで活用、最後のSL牽引旅客列車の先頭に立ったのもC57形だった。現在でもC571とC57180と2両が動態保存され、静態保存機も数が多い。

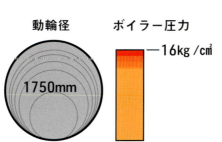

動輪径 1750mm
ボイラー圧力 16kg/㎠

DATA
製造開始● 1937年
製造数● 201両
引退● 1975年
最高速度● 100km/h
全長● 20,280mm
最大軸重● 14.0 t

1978年 信越本線 新津機関区

C57形は1937年から1947年にかけて201両も量産されており、途中でモデルチェンジも行われ、4つのグループ分けられる。C571号から138両の最大所帯となるのが、基本となる1次型だ。先輪はスポーク、テンダ台車は鋳鋼台枠だ

1968年 函館本線 旭川機関区

北海道のC57形では重油併燃装置を使っているものが多かった。函館本線などで運用されたC5791号はドームの後方に重油タンクを搭載していた

1970年 山陰本線 豊岡機関区

播但線を担当していた豊岡機関区のC57形はトンネル対策として集煙装置を搭載していた。比較的細身の構造だが、C57形には見た目が重そうな感じだった

集煙装置付きのC5794号。正面から見るとかなり大きな装置で目立った

1965年 磐越西線 会津若松機関区

現在、京都鉄道博物館で動態保存されているC571号。現役晩年は新津機関区配属で、磐越西線や羽越本線で活躍していた

1973年 室蘭本線 東室蘭

1940年後半、戦時体制になるとC57形の製造工程が簡略化された。この時代に製造されたC57139〜C57169号を2次型と区分している

1966年 函館本線 岩見沢機関区

2次型では鋼板組み立てとなったテンダ台車が特徴的だ。それ以外は1次型とほとんど同じスタイルだ

1965年 信越本線 新津機関区

『SLばんえつ物語』として動態保存されているC57180号の現役時代。この機関車は戦後生まれの3次型となり、鋼板組みテンダ台車のほか、先輪がスポークからプレートに替わっている

1970年 山陰本線 豊岡機関区

C57形も「門デフ」装備機があり、25両余り設置されている。C5711号は門司港機関区時代に設置された。当初は「かもめ翼波頭」の装飾入りだったが、山陰地区への移動時、装飾は外された。1958年には集煙装置も取り付けられている

1969年 日豊本線 宮崎機関区

宮崎機関区のC574号のデフレクタは一見「門デフ」に見えるが違う。これは新潟機関区時代に、長野工場で換装された「長工デフ」。広域転配によって、九州へ来たもの。「門デフ」の多い中、異彩を放っていた

室蘭本線	早来
1975年7月5日	

現在、鉄道博物館で保存されているC57135号の現役時代の姿。この撮影から半年後の12月14日、国鉄最後のSL牽引旅客列車の運行を担当

根室本線	新内〜狩勝信号場
1966年8月7日	

国鉄の「三大車窓」に数えられた狩勝峠を登っていく混合列車。前部がC57形、後部がD51形だ。混合といっても半分以上が客車という珍しい編成

写真：伊藤威信

| 東北本線 | 白河 |
| 1963年3月15日 | |

戦後、東北本線中部ではC51形からC57形への置き換えが進んだ。C5761号は撮影の前年にお召列車を牽引、煙室扉ハンドルも装飾されている

| 常磐線 | 富岡〜夜ノ森 |
| 1965年1月3日 | |

常磐線ではC62形・C61形・C60形とハドソン機が活躍していたが、C57形も平機関区に少数配属され、普通列車などの牽引を担当した。写真は急行『みちのく』

写真：高田隆雄

| 東海道本線 | 山科〜京都 |
| 1937年8月 |

C5748号は1938年に完成、梅小路機関区に新製配置され、東海道本線の旅客列車を担当した。C59形が増えてくると、九州へ転属となった

| 総武本線 | 両国 |
| 1969年9月29日 |

都内で最後までSL旅客列車が発着していたのは両国駅だった。これも1969年10月改正で終了。引退が近付くと大勢のSLファンが集まった

信越本線	青海川
1960年6月6日	

海辺のすぐわきをC57形牽引の急行『日本海』が走る。信越本線電化後の1968年10月改正では列車名が特急に格上げ、ブルートレインとなった

北陸本線	動橋
1957年8月27日	

難読の動橋（いぶりはし）駅では北陸鉄道の片山津線などと接続、急行列車なども停車した。そんな停車に備え、大きな給水塔も設置されていた

播但線	生野〜新井
1970年10月28日	

播但線ではC57形とC11形が旅客列車や貨物列車の先頭に立っていた。途中に25‰の勾配もあり、列車によっては重連運転も行われていた

肥薩線	坂本
1973年1月22日	

肥薩線八代〜人吉間ではC57形が貨物列車を担当していた。C57130号は新潟機関区時代に長野工場式の切り取りデフに換装されている

写真：竹島紀元

| 鹿児島本線 | 基山〜原田 |
| 1957年頃 | |

客車を牽引するC57154号。列車は特急『さちかぜ』で、東京〜長崎間を結んでいたが、1957年10月から1958年10月までの1年間しか運行されなかった

| 日豊本線 | 門石信号場〜青井岳 |
| 1973年4月 | |

日豊本線を走る普通列車。C57形の次位にはC56形が連結されている。4月10日には日南線でお召列車が運転され、牽引機C5692号の回送だ

1969年 日豊本線 宮崎

1947年に製造された11両のC57形はデフレクタの先端部が斜めに落とされ、運転室は密閉式、テンダは船底型で台車はコロ軸受付きの鋳鋼製。スタイルが一新された

1969年 鹿児島本線 佐敷

後方から見たC57195号。密閉式の運転室、船底型テンダとコロ軸受付きの鋳鋼台車と4次型の特徴がよくわかる

1974年 日豊本線 日向沓掛

4次型ではC57196号だけが「門デフ」となっていた。4次型では3次型までむき出しとなっていたフロントデッキの給水加熱器にカバーが取り付けられ、ここでもイメージがかなり変わった

| 東海道本線 | 梅小路機関区 |
| 1969年7月30日 | |

今は京都鉄道博物館となったターンテーブルに載るC57190号。この角度から見るとボイラはやや細身だが、C59形をほうふつさせるスタイルだ

| 鹿児島本線 | 佐敷 |
| 1969年3月24日 | |

翌年の電化を控え、最後の活躍を見せる鹿児島本線のC57形。4次車ではボイラーの溶接方法が変わり、これまでよりボイラーの直径が太くなった

C61

主な走行路線

東北・奥羽・鹿児島・日豊本線など

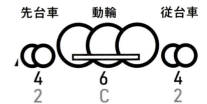

JR東日本の動態保存機C6120号の現役時代の姿。当初は主に常磐線で活躍していたが、常磐線電化の前年に青森機関区に転属、奥羽本線で運用された。この写真撮影後、C6120号は日豊本線に再転身している

貨物用ボイラ＋旅客用足回り
大型ながら軸重の軽い機関車

　JR東日本でC6120号が動態保存されているので、現在のファンでも馴染みのSLだろう。戦後、余剰となっていた貨物用D51形のボイラを活用、ここにC57形の走り装置を新製して組み合わせるかたちで誕生したのがC61形だ。機関車製造に使える予算が少なかった時代の工夫でもあったが、実際には完全新製に近い経費がかかっている。

　D51形のボイラはC57形よりかなり大きく、そのままでは軸重が増えてしまう。そのため、C61形では同時期に開発されていたC62形同様、2軸従台車を使った2C2のハドソン軸配置として軸重軽減を行っている。これにより最大軸重は13.7tとなり、大型機ながら幅広い線区での運用が可能になった。また、C62形同様、自動給炭機も備え、乗務員の投炭作業を軽減している。

　C61形は東北・鹿児島本線に集中投入され、ここではブルートレインの牽引にも活躍している。さらに東北本線では北海道連絡の特急貨物や急行貨物も数多く運行されており、この列車にもC61形が起用された。奥中山では前後にD51形、あるいは前部にD51形2両を連結する3重連も行われ、勇壮な姿を見せた。電化の延伸によって晩年は奥羽・日豊本線に転身して活躍した。

DATA
- 製造開始● 1947年
- 製造数● 33両
- 引退● 1974年
- 最高速度● 100km/h
- 全長● 20,375mm
- 最大軸重● 13.7t

動輪径 1750mm

ボイラー圧力 15kg/c㎡

1968年 鹿児島本線 鹿児島機関区

C61形のラストナンバーC6133号。生涯の大半を鹿児島本線で活躍、1970年9月30日の電化記念SLさよなら列車も当機が担当

1966年 常磐線 平機関区

C6133号は1958年にボイラを新品に交換したぐらいで大きな改造はなく、最晩年まで原型に近い姿で活躍していた

C6121号は生涯の大半を常磐線で運用。電化の進展により、乗務員の安全確保という視点からシールドビーム副灯が設置された

1968年 東北本線 青森機関区

C6118号は常磐線から東北本線に転じた後の1960年代後半、盛岡式小型デフレクタやシールドビーム副灯の増設が行われた

1970年 鹿児島本線 出水

C6113号はC61形では唯一下部切取デフレクタを使用し当機は鹿児島工場で施工、「鹿工式デフ」と呼ばれる形状で「門デフ」とは違うものだ

| 東北本線 | 御堂～奥中山 |
| 1964年4月2日 | |

後部補機を連結して奥中山の急勾配に挑むC61形牽引の青森行き急行列車。後部補機は主に沼宮内～一戸間で連結、D51形の起用が多かった

写真：牛島完

| 東北本線 | 奥中山～西岳信号場 |
| 1964年3月 | |

十三本木峠を北に向かうC61形牽引の急行『いわて』。峠のサミットまであと少しというところを走り急ぐ。写真では見えにくいが客車の後ろには後部補機も連結

東北本線	矢幅
1959年頃	

東北地方初の特急として誕生した『はつかり』。上野〜仙台間はC62形、仙台〜盛岡間はC61形、盛岡〜青森間はC60形＋C61形で運行された

東北本線	仙台
1965年5月5日	

1964年にはブルートレイン『はくつる』も誕生。当初、仙台以北はSL牽引で、仙台〜盛岡間はC61形、盛岡〜青森間はC60形＋C61形だった

東北本線 | 白河
1955年7月31日

非電化時代の白河には白河機関区が設置されており当時、上野口のC61形はここへ配置されていた。かつてはC62形も配置されており、上野〜仙台間の拠点駅だった

東北本線 | 栗橋〜古河
1955年11月6日

C61形は電化前の東北本線上野口でも急行列車などの優等列車を牽引して活躍した。写真は利根川を渡る直前の急行「青葉」。長い編成をものともせず仙台へ急いだ。

奥羽本線 津軽湯の沢〜陣場
1970年8月23日

東北のC61形は奥羽本線が最後の活躍の場となった。陣場〜津軽湯の沢間は電化時に新線切り替えとなるため、最後まで往年の情景が楽しめた

常磐線	木戸～竜田
1967年9月30日	

常磐線電化を翌日に控えたSL運行最終日。交流電化の架線下をC61形の牽く普通列車が走っていった

常磐線	広野～末続
1967年9月10日	

SL最晩年の常磐線では平（現・いわき）～仙台間でC61形のほかC62形などの活躍が見られた。C6128号は常磐から東北→奥羽→日豊と転身

鹿児島本線 西鹿児島　1963年10月17日　C61形は鹿児島本線でも特急の牽引に活躍した。『はやぶさ』の場合、1963年時点では博多〜西鹿児島間を担当、1965年10月でDD51形化された

鹿児島本線 西方〜薩摩高城　1970年8月1日　C61形のラストナンバー機であった33号は、新製から鹿児島本線を主体に運用。似た流れの機関車は他にもおり、いずれも川尻〜鹿児島電化によって廃車となった

日豊本線　宮崎
1972年2月24日

京都鉄道博物館で動態保存されているC612号の現役最晩年の姿。同年10月からは京都鉄道博物館前身の梅小路蒸気機関車館で動態保存を開始

| 鹿児島本線 | 伊集院 |
| 1963年10月17日 | |

鹿児島行きの急行『桜島』を牽く C6114 号。この機関車は生涯の大半を鹿児島本線で過ごした。引退時の走行距離は 2,459,284.5km におよんだ

| 日豊本線 | 宮崎 |
| 1972年2月24日 | |

JR 東日本の動態保存機 C6120 号の現役最晩年の姿。1973 年 8 月に休車となり、のち廃車。解体を免れ、群馬県で静態保存、2011 年に動態復帰した

日豊本線　宮崎機関区
1972年2月24日

宮崎機関区には1971年に6両のC61形が転属し、日豊本線での運用が始まった。最後はC6118号が1974年4月まで使用され、C61形は引退した

都市間のフリークエントサービスと経費節約を標榜して開発した小型機

　国鉄の新規開発タンク式としては初の機関車だ。昭和初期までに新規開発された機関車はすべてテンダ式だった。もちろんタンク式の需要もあったが、これは既存テンダ機からの改造でまかなわれていたのだ。

　時代が大正から昭和に変わるころ、国鉄では大都市近郊非電化区間でのサービス改善が課題となった。並行する私鉄で電車運転が始まり、国鉄では対抗策が必要とされたのだ。そこでは一定区間を頻繁に往復、速度も相応となる列車が求められた。その需要に応じて開発されたのがC10形だ。タンク式なら逆行運転も得意で、列車の折り返しにかかる時間も短縮できる。また、高速運転に対応させるため、動輪径は8620形やC50形に近い1,520mmとされた。軸配置は1C2。後部を2軸としたのは石炭や水の積載容量を増やすための工夫だった。

　C10形は最高85km/hのスピードで、東京・大阪の近郊区間で予想通りの成果を上げた。ただし、C10形は試作的要素が強く、製造は23両に留まり、改良型のC11形として量産が進められたのである。

　現在、大井川鐵道でC108号が動態保存されている。改装も施されているが、デフレクタのないところにC10形らしさがある。

DATA
製造開始● 1930 年
製造数● 23 両
引退● 1961 年
最高速度● 85km/h
全長● 12,650mm
最大軸重● 12.9 t

動輪径 1520mm
ボイラー圧力 15kg/㎠

C10

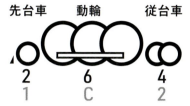

主な走行路線

東京・名古屋・大阪などの近郊路線

C10形はパイプ煙突に傾斜デッキなどC53形の流れを汲んだデザインで、当時の最新スタイルだった。C1011号のサイドタンクは溶接構造に更新されているが、後方のタンクにオリジナルのリベット構造が残っていた

写真：宮地元

1966年 ラサ工業

C10形は全国各地で試用されたが、戦後は8両が会津線に集められて使用された。この時代、会津若松機関区は会津線管理所・磐越西線管理所に分離して管理されていた。写真の8号機は国鉄で廃車になったのち、ラサ工業に譲渡され炭砿で活躍した

1960年 会津線 会津線管理所

写真：宮地元

C10形の特徴はリベット組み立て構造にあった。運用中、溶接構造への更新が進められ、C1010号では運転室屋根や後部の水タンクなどにリベットが残るだけだった

写真：宮地元

奥羽本線	米沢機関区
1960年9月1日	

米沢機関区では左沢線も担当していた。1955年頃まで2120形だったが、老朽化置き換えでC10形が投入された。ただし、わずか数年でC11形化

ラサ工業	—
1966年1月4日	

貨物輸送などに使われていたラサ工業の8号機。同機は1987年に宮古市が譲り受けて運用したが、1994年に大井川鐵道へ譲渡。1997年から現在まで現役で稼働中

C11

旅客　貨物
タンク　テンダー

先台車　動輪　従台車
2　6　4
1　C　2

主な走行路線

全国の線区。標津線、日高本線、会津線、只見線、高砂線、日田彦山線、佐世保線など

DATA

製造開始● 1932 年
製造数● 381 両
引退● 1975 年
最高速度● 85km/h
全長● 12,650mm
最大軸重● 12.4 t

固定軸距を減らしてカーブしやすく、軸重も軽くしたC10の改良版

　C10形の改良量産型として戦後まで381両も量産されたタンク機だ。性能が優れ、扱いやすい機関車だったため、私鉄などの民間向けにも20両の同形機が製造されている。

　基本寸法や性能はC10形と同じだが、軸重を12.9tから12.4tと軽減されている。これにより運用路線の制約も軽減され、ローカル線の旅客・貨物両用機として幅広く活躍することになった。この軽量化は機関車製造の工法をリベット組み立てから溶接組み立てに変えたことでもなし得た。溶接技術の進化がC11形を名機に仕立てることに貢献しているのである。

　外観的にはデフレクタを装備したことが目立つ。デフレクタはC11形誕生の1年前に登場したC54形から採用が始まったが、C11形では早速標準装備とされたのだ。

　C11形は北海道から九州まで全国各地で幅広く活躍している。晩年はローカル線での活躍が多かったが、導入初期には電化前の上野〜大宮間、両国〜市川間、京阪神間などの都市部でも大活躍している。

　2024年現在、私鉄で増備された機関車も含め、6両が動態保存されている。静態保存機も50余両を数え、デゴイチと共に国鉄を代表する機関車のひとつといえる。

C11形はC10形の改良型として誕生した。外観上の大きな違いはデフレクタを備えたことだ。さらに溶接組み立てが基本となり、各部がすっきりしている

動輪径 1520mm

ボイラー圧力 15kg/c㎡

一次型（C111～C1123）

1932年 日立製作所

C11形の第一陣は、汽車製造、川崎車輛、日立製作所で計22両製造された。ボイラわきに重見式給水温め器も装備されていた

1970年 只見線 長岡運転所小出駐泊所

全通前の只見線小出～大白川間は1960年代後半に無煙化されたが、1971年まで冬期は暖房の必要性からC11形が復帰した

C11形1次型はドームの並びに特徴があった。煙突側から蒸気ドーム、サンド（砂）ドームとなっている。2次型以降はサンドドームが煙突側にある

2次型（C1124〜C11140）

1964年 磐越西線 会津線管理所

C11形2次型はドーム位置が1次型と逆転しているが、これは急停車時の慣性でボイラ水が蒸気ダメに入ってしまう傾向があったため、それを防ぐ工夫だったという

1969年 鹿児島本線 熊本機関区

正面から見ると1次型と2次型の差異はない。熊本機関区のC11形は三角線や矢部線の貨物列車牽引に使用されていた

1968年 函館本線 岩見沢機関区

ドーム裾に砂撒き管を付けたサンドドームが煙突の隣に配置されている。岩見沢のC11形は万字線などで運用された

東北本線	上野
1935年頃	

C11形新製配置のひとつは常磐線で、上野〜松戸間などの小運転に活躍した。1936年12月には松戸まで電化、C11形は八王子などに転じた

写真：酒井喜房

倉吉線	上井
1970年10月26日	

山陰本線の上井（現・倉吉）駅と山守駅を結ぶのが倉吉線だ。写真は客車だけだが、無煙化までC11形牽引の混合列車が5往復も走っていた

会津線	会津宮下
1960年8月19日	

現在のJR只見線の会津若松〜只見間は会津線として運行を開始している。1950年代からC11形が導入され、旅客列車、貨物列車の両方を担当した

津山線	岡山
1970年8月23日	

津山線で旅客を牽くC1186号。1962年の岡山国体の際、C1180号と重連でお召列車を運行したこともある車両だ

3次型（C11141～C11240）

1969年 日豊本線 宮崎

3次型は2次型を性能アップするため、軸重を13tと増やしたグループ。外観的な形状は同じだ。写真のC11148号はデフレクタ点検口もなく、原型に近いスタイル

1966年 函館本線 岩見沢機関区

写真のC11181号は休車で、ロッドの主連棒は外され、煙突には傘がかぶされていた。撮影からほどなく廃車解体された

1971年 奥羽本線 大館機関区

秋田内陸縦貫鉄道の一部となった阿仁合線で運用されたC11241号。この機関車のヘッドライトもシールドビームに換装済

1970年 日豊本線 行橋

写真のC11195号は水タンクの動揺ステイが特徴だった。C11形で何両か実施例があるが、効果が認められなかったのか、一般化はしなかった

1971年 奥羽本線 秋田機関区

煙室扉下の点検口が開いており、内部の構造が見える。これは先輪の上下振動を抑える装置で、左右が板バネ支えとなる

1971年 日豊本線 行橋機関区

水タンク動揺ステイはC11195号のほか、C1179号、C11178号、C11192号などにも付いていた。新橋駅前に保存されているC11292号も付いていたが、今は撤去

1970年 奥羽本線 秋田機関区

この時代のC11234号はヘッドライトを主灯・副灯共にシールドビームに換装。SL末期によく見られる姿となっていた

撮影時のC11234号は秋田機関区配属で、男鹿線を担当していた。1972年9月で男鹿線が無煙化されたのち、北海道に渡り、1974年の廃車まで長万部機関区配置となり、瀬棚線の貨物列車の牽引を務めた

1969年 松浦線 佐々機関区

1969年の長崎国体ではお召列車が運行され、松浦線伊万里～有田間はC11165号、その他の区間は8620形重連で運転された。この機関車は「門デフ」を装備しているが、当初、C1153号に使われていたものを移設したようだ

1962年 日高本線 苫小牧

日高本線は濃霧などの気象条件に備え、ヘッドライトを2灯備えるのが標準装備となっていた。東武鉄道で動態保存されているC11207号も2灯だが、これも日高本線時代に装備されている

函館本線	二股
1971年9月16日	

3次型は2次型を性能アップするため、軸重を13tと増やしたグループ。外観的な形状は同じだ。写真のC11171号はデフレクタ点検口もなく、原型に近いスタイル

写真：宮地元

日高本線	苫小牧
1962年8月21日	

日高本線名物の「2つ目」となったC11182号。デフレクタのステイにヘッドライトを付けたものが多かったが、副灯方式のものもあった

標津線	平糸〜西別
1974年7月10日	

標津線で貨物を牽引するC11227号。1975年に大井川鐵道に譲渡され、1976年に同社初のSLの復活運転を開始。これは日本初の定期動態保存で、現在も現役稼働中

写真：小泉喬

山陽本線	姫路
1970年9月29日	

姫路駅をターミナルとする播但線、姫新線、そして赤穂線ではC11形牽引の旅客列車や貨物列車が運行され、1972年3月までその姿が見られた

写真：竹島紀元

佐世保線	佐世保
	不明

1965年10月より、寝台特急『さくら』の佐世保行き編成は早岐～佐世保間でC11形が牽引した。これは1968年10月のDL化まで続き、最後のSL牽引特急だった

佐世保線	早岐
1969年10月28日	

早岐を出発する急行『西海』。大阪～佐世保間を結んでいた急行列車。写真のC11192号は、ブルートレイン『さくら』も牽引していた機関車だ

日南線	油津〜大津堂
1971年7月23日	

日南線の細田川橋梁を走るC11198号。貨物列車を多く牽いていたが、写真は旅客と貨物の混合の短編成

写真:牛島完

松浦線	平戸口
1965年3月	

国鉄最西端を走る松浦線ではC11形や8620形が活躍していた。写真のC11193号は下り列車で、これから佐世保方面に向かう

4次型（C11247～C11381）

1965年 相模線 厚木

戦後、粗製だった部品の更新が徐々に行われたが、写真のC11277号は戦時中の角型ドームがそのまま使用されていた

1969年 鹿児島本線 熊本機関区

C11297号は角型ドームのまま、サイドタンク動揺止めステイが追加された。戦時中の粗製を補うものだったかも知れない

1968年 関西本線 名古屋機関区

C11265号は蒸気ドームを一般的な形状のものに交換したが、サンドドームは角型のままと中途半端な更新となっていた

1966年 山陽本線 広島運転所

C11329号のようにほぼ一般形と同じスタイルに更新したものもあった。この機関車もサイドタンク動揺止めステイ付き

1973年 只見線 只見

「門デフ」付きのC11254号。181ページでも紹介した1973年春に九州から会津線管理所に移籍、只見線や会津線で運用された機関車だ。SL最晩年、手間と費用のかかる全般検査を避け、有効期間の残っている機関車の転属が頻繁に行われた

会津線｜会津長野〜田部原　1972年8月　会津線は1974年10月で無煙化されたが、動力近代化に反対する職員も多く、機関車の次位に連結された貨車にはスローガンが記されていた

奥羽本線｜秋田　1971年5月30日　一般的なドームに換装され、3次型とほぼ同様の姿になったC11249号。この時代は秋田駅から男鹿線に直通する貨物列車の運用を担当していた

只見線　会津川口
1973年10月28日
1971年の全通で会津川口付近は会津線から只見線へと線名が変わった。写真の「門デフ」付きC11254号は会津田島駅わきに静態保存されている

只見線 会津水沼〜会津中川 只見線の絶景スポットの一つで、特徴のあるトラス橋の第四只見川橋梁を渡るC11254号

相模線	相武台下
1965年5月	

現在、東武鉄道で動態保存されているC11325号の現役時代。現在は一般的なドームに交換されているが、当時は角型ドームを使用していた

写真：伊藤昭

長野原線	渋川
1955年7月17日	

長野原線（現・吾妻線）の長野原（現・長野原草津口）行き普通列車。長野原に向かって20‰の勾配が連続し、C11形重連にて客車を牽いていた

日田彦山線　香春〜伊田　1971年8月11日　伊田（現・田川伊田）駅の外れにある彦山川橋梁。客車から緑の旗が振られ、構内入換作業の一コマと思われる。C11349号は「門デフ」付きだ

雄別鉄道　雄別炭山　1966年8月8日　C11形は民間用に製造もされており、写真のC111号は江若鉄道に納入されたものが雄別鉄道に渡ったもの。現在は、東武鉄道C11123号として『SL大樹』を牽引

C12

主な走行路線

全国各地の簡易線。日中線、足尾線、明知線、加古川線、小野田線、高森線など

旅客 貨物
タンク テンダー

先台車　動輪　従台車
2　6　2
1　C　1

C12形は軽量化への工夫のひとつとしてピストン先棒が省略された。シリンダ部には上下2つのピストンがあるが、下側は前蓋だけとなっている

C10形をベースに一回り小型化
簡易線の軸重に向けた軽量機関車

「簡易線」と規定されたローカル線向けに開発された機関車だ。

昭和初期、国鉄の幹線網はほぼ完成していたが、引き続きその枝となるローカル線の建設が進められていた。ここでは需要に合わせて線路規格を下げ、建設費を抑える発想も生まれ、1932年には本線半径160m、機関車牽引列車の最高速度45km/h、許容軸重11tとした簡易線規格が設定された。量産の進んでいたタンク機C11形の軸重は、当時最下の丙線許容13tに合わせた12.4tだったが、これでは対応できずさらに小型のC12形として新規に設計された。

C12形ではC11形で採用された溶接工法をさらに広範囲に活用して軽量化に役立てた。また運転区間も短いことから石炭や水の積載量も押さえて、軸配置は1C1とした。このほかピストン先棒の省略など思い切った設計もなされている。なお、運転速度が低く、煙除けの効果が期待しにくいデフレクタも省略された。これで軸重10.9tとして簡易線規格をクリアさせたのだ。

全国各地の比較的距離の短いローカル線で使われたほか、戦時中には68両が1,000mmに改軌されて外地に送られている。

C1266号が真岡鐵道で動態保存運転中。

動輪径 1400mm
ボイラー圧力 14kg/cm²

DATA

製造開始●	1932年
製造数●	293両
引退●	1975年
最高速度●	75km/h
全長●	11,350mm
最大軸重●	10.9t

1970年 東北本線 宇都宮運転所白河支所

C12形は小型機とすべく軸配置は1C1を採用。真横から見るとバランスの取れた機関車となっている。サイドタンクもかなり小ぶりだ

1969年 日豊本線 鹿児島機関区

C12形の導入をめざした簡易線の最高速度は45km/h止まり。デフレクタによる排煙の誘導効果は低いとされ、デフレクタなしを基本として設計されている

1970年 常磐線 水戸機関区

簡易線のほか、貨物列車や構内入換に使用されることも多く、またそれを想定して取り回しが考えられており、逆機運転がしやすいようにタンクも小型化されている

1970年 舞鶴線 西舞鶴機関区

煙突下に白いレバーが見えるが、これは煙室内の反射板操作レバー。通風量を調整するものだが、ふだんはほとんど動かさず、西舞鶴機関区でわざわざ目立つように色分けしたのは不思議だ

1970年 中央本線 甲府機関区

甲府機関区のC12形はもっぱら入換用だった。近隣住宅などへの火災防止もあり、煙突の上には皿状の火の粉止めを設置

煙室扉のハンドルは輪と棒を組み合わせた形状が一般的だが、C12249号は輪の部分に十字の握りを加えたものだった。力を加えやすくする工夫だが、チャームポイントにもなっていた

1968年 函館本線 小樽築港機関区

小樽築港のC12形は入換のほか、手宮線の貨物列車も担当していた。スノープラウには上下の駆動装置が取り付けられ、降雪期の手宮線運用などに備えていた

1963年 信越本線 直江津機関区

C12形の一部にはデフレクタを取り付けたものもあった。最高75km/h運転も可能で、そうした運用ではデフレクタによる排煙の誘導効果が必要とされたようだ

函館本線	小樽築港機関区
1971年1月19日	

小樽築港のC126号は入換運用のため、後部の炭水タンクまわりおよび煙室扉に警戒塗装が施されていた。前部は可動式スノープラウ付きだった

写真：宮地元

日中線	熱塩
1960年8月18日	

喜多方〜熱塩間の日中線では、この時代でもわずか3往復の運転で、すべてC12形が牽引する混合列車となっていた。SL最晩年はC11形化

足尾線 神戸〜草木	20‰超の急勾配が連続する神土〜足尾間ではC12形重連で運行。神土駅では勾配に
1968年2月	備えて給水も行われ、先頭機関車水タンクに水の跡も見える

写真：牛島完

中央本線 木曽福島機関区	木曽福島のC12形は上松駅の入換に使われていた。理由は定かでないが、1967年に
1968年8月12日	デフレクタが取り付けられ、C12形の変形機として注目された

写真：井上恒一

飯山線	飯山
1970年12月31日	

深い雪の中で構内作業をするC1266号。廃車後に静態保存機とされたが、真岡鐵道がSL復活プロジェクトとして1994年に復元。『SLもおか』として現在も稼働中

北陸本線	糸魚川機関区
1972年5月5日	

レンガ造りの美しい機関庫で有名だった糸魚川にはC12形が配属され、大糸線でC56形と共に貨物列車を牽引していた

| 明知線 | 東野〜恵那 |
| 1971年4月15日 | |

明知線にて逆機で貨物を牽引するC1242号。明知線は25kmほどの短い路線で、こうした線区で取り回しがしやすい機関車として人気があった

| 明知線 | 恵那 |
| 1971年4月15日 | |

現在は明知鉄道となった国鉄明知線では1973年10月までC12形が貨物列車を牽引していた。晩年は車体の前後共に警戒塗装が施されていた

写真：牛島完

舞鶴線　西舞鶴機関区
1963年7月

敦賀〜東舞鶴間の小浜線では1971年9月までC12形が貨物列車を牽いていた。機関区には給炭台に給水栓、そして灰殻置き場などがあった

写真：浅原信彦

予讃本線　宇和島
1967年3月22日

逆機で走行しながら客車と貨車の混合編成を牽引するC12175号。宇和島線（現・予土線）からの列車で、終点・宇和島駅でのタブレット交換の様子だ

高森線	立野〜長陽
1968年1月10日	

今は南阿蘇鉄道となった高森線名所の第一白川橋梁（熊本地震で架け替え）を渡るC12形。九州最後のSLのひとつとして1975年3月まで運行

C56

主な走行路線

日高本線、越後線、飯山線、小海線、大糸線、七尾線、木次線、三江北線、山野線など

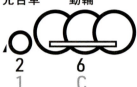

C56形最大の特徴は炭庫の両側を欠き取ったテンダだろう。後方の視界を広く取り、バック運転もしやすくする工夫だ。また、運転室の前面は、同時代に開発されたC55形同様、両側を斜めに後退させ軽快なスタイルになっている。一方、ドームは砂箱と蒸気を独立させた2つ。C56形の場合、これも軽快さの演出に役立っているようだ

旅客貨物共用の目的で、長距離利用可能なようにC12形をテンダ化

　C12形を元に「簡易線」のうち運用距離の長い路線向けに開発された機関車だ。

　C12形は晩年までその活躍で知られた足尾線（現・わたらせ渓谷鉄道）、高森線（現・南阿蘇鉄道）などから導入が始まったが、いずれも営業距離50km未満の線区だった。しかし、簡易線建設は全国各地で活発化、1935年には小海線や七尾線などが全通、続いて日高本線や木次線などが全通を迎える。いずれも50km以上、中には100kmを超える路線もあった。その運転にはC12形に搭載できる石炭・水では不足し、C12形のテンダ版として開発されたのがC56形だ。C56形は小海線・七尾線の全通年に誕生している。

　C56形で特徴的なのはテンダの形態だ。炭庫の両側を大きく欠きとり、後方への見通しを良くしている。簡易線では転車台を省略した路線も多く、バック運転に備えたものだ。またC12形で省略されたデフレクタは機関車本体の重量の制約が減ったことで取り付けられた。ちなみに最高速度はC12形、C56形共に75km/hとなっている。

　C56形は小海線をはじめ、日高本線、七尾線、木次線など比較的距離の長い簡易線に導入された。また戦時中には90両が1,000mmに改軌されて外地に送られている。

　2024年現在、C56は梅小路蒸気機関車館と大井川鐵道で1両ずつ動態保存されていが、大井川鐵道ではさらにもう1両を動態復帰させるべくプロジェクトが進行中。

動輪径 1400mm

ボイラー圧力 14kg/c㎡

DATA

製造開始● 1935年
製造数● 160両
引退● 1974年
最高速度● 75km/h
全長● 14,325mm
最大軸重● 10.6 t

1971年 大糸線 信濃大町機関区

主要な寸法はほぼC12形と同じだが、車両両両サイドのタンクや従輪を取り、炭水車を取り付けた。C55形と同時期の製造だが、蒸気ドームと砂箱の一体化はされずC12形の面影が残った。ただし運転室前面をC55形C57形同様、傾斜させている

1972年 七尾線 輪島

極度に軽減が図られおり、国鉄最小のテンダ車となっている。一方で、C12形では重量の関係からつけられなかったデフレクタだが、C56形では標準装備となった。そのため193ページのC12形とよく似た佇まいとなった

1971年 大糸線 神城

C56126号は大糸線対応として1965年頃、長工式集煙装置を設置。ボイラの細い小ぶりのC56にはいささか大仰な装備となった。1972年の大糸線終了後、三江線に移動したが、そこでも集煙装置を付けたまま運用された

1972年 日豊本線 宮崎機関区

C56形はバック運転しやすいようにテンダ両側をカットし、後方へ向かって傾斜させ、逆機運転の際の見通しをよくした。写真の宮崎C56126号は日豊本線の佐土原駅から分岐する妻線で使用された

1963年 山陰本線 浜田

C56形のテンダもかなり小ぶりだが、ベースとなったC12形と比べて石炭は1.5 t→5.0 t、水は5.5 t→10.0 tとかなり増量された。また真横から見ると従輪がなくなった点や運転室前の傾斜などC12形との違いもよくわかる

写真：牛島完

小海線	野辺山〜清里
1966年	

小海線では1960年代後半から新宿直通の『八ヶ岳高原号』が運転され、小淵沢〜野辺山間はC56形が先頭に立った。鉄道最高地点そばの境川橋梁を渡る上り列車だ

写真：牛島完

小海線	野辺山
1966年頃	

野辺山駅で入換作業中のC565150号。こんな作業も欠き取りテンダで視認が容易だった。当機は1972年の小海線SL最後まで運用されたのち、三江線に移動している

| 大糸線 | 神城〜飯森 |
| 1971年7月12日 | |

大糸線では1972年3月までC56形およびC12形による貨物列車が運行されていた。南小谷〜糸魚川間にはトンネルが多く、C56126号は長工式集煙装置を備えていた

| 七尾線 | 穴水 |
| 1972年9月2日 | |

七尾線の七尾〜輪島間では1974年春までC56形が貨物列車を牽いていた。C56124号はこの時代の七尾機関区標準だった赤い地色のナンバープレートを装着している

山陰本線	浜田
1963年7月24日	

山陰本線江津駅から出る三江線（当時は三江北線、現廃止）では1974年11月までC56形牽引の貨物列車が設定されていた。列車は浜田駅まで山陰本線を直通運転

写真：浅原信彦

木次線	木次
1958年3月	

木次線経由で米子〜広島間を結んでいた快速『ちどり』。木次線内はヘッドマーク付きのC56形牽引だった。1959年4月に準急へと格上げされたが、同時に気動車化

| 日南線 | 木花〜曽山寺 |
| 1973年4月 | |

有蓋緩急車ワフ35000形1両をバック運転で牽いていく、C56形らしい貨物列車。写真のC5692号はこの数週間前に日南線で宮崎植樹祭のお召列車を牽引している

| 妻線 | 杉安 |
| 1971年7月23日 | |

妻線は日豊本線佐土原を起点として杉安まで結ぶ19.3kmの盲腸線で、1972年3月までC56形の貨物列車が運転されていた。C5692号は原型に近い美しい機関車だった

4軸機関車

9600 ･･････････････ 208
D50 ･･････････････ 228
D51 ･･････････････ 238
D52 ･･････････････ 266
D62 ･･････････････ 278
D60 ･･････････････ 284
D61 ･･････････････ 296

9600

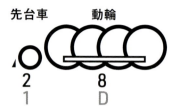

主な走行路線

四国を除く全国の路線

腰高のボイラに対応すべくドームは平べったい。4軸の小さな動輪と共にこれが9600形の力強さを表わしているようだ。写真の39663号は青函連絡船を支える青森の入換専用機。テンダは視界確保のため、上部を欠き取った独特な形状

従来の機関車よりボイラ出力を増強
軽い軸重だが、高い牽引力の貨物機

大正時代に開発された代表的な貨物用蒸気機関車だ。

国鉄は明治末期の「鉄道国有法」により路線がほぼ倍増して7,000kmを超え、さらに新線建設を進めていった。この時代、経済も急成長、鉄道輸送が増加していく。国鉄では輸送力強化と雑多な私鉄買収機の統一化をめざして標準型機関車の開発に取り組んだ。

貨物機では9550形および9850形を試作、その実績を元に開発されたのが9600形だ。試作機による検証の結果、ボイラ様式は当時少なかった過熱式を採用。また火室は動輪の上に置く広火室とした。9600形はこれらによって高性能化に成功したのだ。

一方、広火室のため、ボイラ中心はそれまでで最大の2,594mmとなり、これは後年に登場する日本最大の旅客機C62形と同じだ。ただし、9600形の場合、動輪径は1,250mmで、計算上の重心点は1,524mm。これはすでに実績があったことから採用となった。

9600形は性能が格段に優れ、使いやすくもあったことからD51形に次ぐ770両が量産され、さらに台湾総督府鉄道や産業用などで同形機が68両も製造されている。多数製造されているため、9600形でも8620形のような5桁表示機がある。「キュウロク」の愛称と共に全国各地で活用され、国鉄蒸機最晩年となる1976年3月まで使用された。現在、本線を走行できる動態保存機はないが、真岡市の『SLキューロク館』の49671号は圧縮空気で自走可能だ。

動輪径 1250mm
ボイラー圧力 12.7kg/cm²

DATA
製造開始● 1913年
製造数● 775両
引退● 1976年
最高速度● 75km/h
全長● 756mm
最大軸重● 13.7 t

1971年 日田彦山線 後藤寺

後藤寺（現・田川後藤寺）は後藤寺線・田川線・日田彦山線などが集まる筑豊の要衝で、貨物列車を牽く9600形の宝庫でもあった

1968年 東北本線 青森機関区

青函連絡船の入換を担当する青森ではこの時代も20両近い9600形を擁していた。テンダは入換の視界を確保する独特な形状

信越本線 新潟機関区

この時代、49675号は入換専用で使用されていた。フロントデッキには操車係の乗務に備えて手すりが増設されている

主なテンダの変遷

49658号は9600形初期の腰が低い標準タイプに増炭覆いを付けて使用。9600形ではテンダの振替えもしばしば行われている

入換専用となった39679号は後方の視認性を高めるため、テンダ上部を欠き取った構造

59681号は9600形量産車のテンダを使用していた

1968年 鹿児島本線 鳥栖機関区

鳥栖の49679号は化粧煙突にパイプを継ぎ足している。通風を良くする工夫だったが、9600形ではこの改装を施したものが多かった

1960年 高崎線 高崎第二機関区

29605号は入換専用で使用されていたが、煙突わきに排煙誘導のつい立てを立てている。盛岡などで設置された小型デフに近いが、盛岡配置の前歴はなく、形状も異なる

写真：宮地元

1967年 常磐線 平

磐越東線で使用された9600形はD50形・D60形のように給水加熱器をフロントデッキに備えていた。29620号も搭載車だ

1971年 函館本線 小樽築港機関区

現在、京都鉄道博物館に保存されている9633号の現役時代。当時、現存していた9600形でも最も若い機関車だった

1968年 東北本線 青森機関区

入換機として使われていたため、フロントデッキに手すりが設置されていた。保存時に撤去。NHK連続ドラマ「旅路」にも出演

青函連絡船の入換に使用されていた9665号。ヘッドライトはシールドビームとなり、煙突に皿状の火の粉止めも設置されている

Sキャブ

9600形の初期グループ18両は運転室下のラインは反向曲線を描き、愛好者には「Sキャブ」と呼ばれた。上はSキャブとなった元9616号の三菱大夕張炭砿大夕張鉄道No.7。下の59648号は9600形で標準的スタイルだ

1968年 函館本線 滝川機関区

根室本線などで貨物列車を牽いていた49616号。ヘッドライトにはツララ除けの防護棒が付いている。入換にも使用され、フロントデッキは操車係が乗りやすいように手すりが付き、デフレクタも前端部が切り詰められている

宗谷本線 稚内機関区

59648号は1945年から稚内に配置、1969年の廃車まで北辺の鉄路を守ってきた機関車だ。点検口なしの大型デフレクタ付き

1971年 日豊本線 行橋機関区

29612号は田川線の石炭列車などに活躍していた。煙突はパイプ煙突に換装され、すっきりしたスタイル。運転室裾の点検口は常に開け放された状態

1966年 函館本線 岩見沢機関区

49655号のフロントデッキに2つ備えられた円筒部品はスノープラウを上下に動かす駆動装置のシリンダだ。冬季になるとシリンダ下の棒にスノープラウを取り付ける

1962年 函館本線 倶知安機関区

胆振線は落石などのトラブルが多く、ここで運用された9600形は79616号のようにヘッドライトを2つ備え、「2つ目」と呼ばれた

写真：宮地元

ヘッドライトにはツララ防護のヒサシも付き、さらに煙突後ろのボイラ上に給水加熱器も搭載され、胆振線仕様の重装備となっていた

1968年 函館本線 倶知安機関区

胆振線の「2つ目」は79648号、79616号のほか、19640号、19650号、69624号、79615号と6両改造されている。このうちの19640号、19650号は給水加熱器の装備はなかった

1970年 長崎本線 佐賀

9600形も「門デフ」装備機があり、国鉄では19両を数えた。19634号は西唐津機関区に配備、佐賀線の貨物列車を牽いて佐賀駅まで顔を見せていた

1965年 日豊本線 行橋

田川線などで運用された行橋の39639号も「門デフ」付きだったが、ステイの造作が独特で、前後長が短いタイプだった。上の19634号と比べてみると違いが判るだろう

| 石北本線 | 生田原～常紋信号場 |
| 1968年7月9日 | |

常紋信号場をサミットとして前後に25‰の急勾配が連続していた。ここでは9600形が後部補機あるいは重連として活躍していた

| 石北本線 | 常紋信号場 |
| 1968年7月9日 | |

常紋信号場はスイッチバックの線形を持ち、列車の行き違いは引き上げ線で待機していた。この時代、客扱いも実施、SLファンの聖地となった

| 石北本線 | 北見 |
| 1961年7月30日 | |

石北本線の旅客列車はC58形の起用が多かったが、9600形も使用された。列車は網走行きの準急「はまなす」。同年10月には気動車急行化された

写真：宮地元

| 名寄本線 | 下川 |
| 1974年7月7日 | |

名寄本線一の橋〜上興部間の天北峠には25‰急勾配があり、9600形重連運転が行われていた。夕方の上り貨物列車は時として3重連になった

|函館本線|苗穂機関区|
|1971年3月6日|

札幌近郊の旅客列車を担当していた苗穂機関区では9600形が休んでいることもあった。煙室扉は警戒塗装、入換専用機となった69656号だった

|三菱大夕張炭砿線|南大夕張|
|1973年8月21日|

北海道の炭鉱鉄道では国鉄9600形の払下げ機、あるいは自社発注の同形機も活躍していた。大夕張鉄道のNo.2は自社発注機。1974年に引退した

| 高山本線 | 打保〜坂上 |
| 1966年12月9日 |

高山本線では9600形やC58形、C11形が活躍していた。富山側で運転されていた9600形の貨物列車は1968年1月で終焉を迎えた

写真：牛島完

磐越東線 　川前〜夏井
1966年8月24日

磐越東線ではD60形が有名だったが、9600形も活躍していた。平所属の19697号は給水加熱器をフロントデッキに載せ、D50形のような面持ち

川越線	指扇～南古谷
1969年9月15日	

川越線では1969年10月改正まで9600形が貨物列車や旅客列車を牽いていた。写真は荒川橋梁。今はここをE233系などの電車が走っている

写真：牛島完

東海道本線	新鶴見機関区
1963年12月25日	

新鶴見には日本三大操車場のひとつがあった。その入換は9600形とD51形が担当していたが、1965年からDD13形に置き換えられていった

東海道本線	横浜港
1971年11月28日	

鉄道100周年を記念して国鉄が制作した『蒸気機関車 その100年』の撮影シーン。9646号をネジ式連結器のある原型に復元。撮影時には様々な9600形の番号を掲げた

宮津線	宮津〜天橋立
1970年10月25日	

今は京都丹後鉄道となった宮津線では9600形やC58形が活躍していた。1970年10月改正でSL牽引定期旅客は終了したが臨時列車では運行された

豊肥本線　瀬田～立野　1971年7月30日　豊肥本線では9600形やC58形が活躍。夕方、熊本→宮地間で運行された普通列車は通勤・通学の帰宅で利用が多く、9600形の重連運転だった

後藤寺線　船尾～起行く　1973年1月31日　炭鉱地帯を走る後藤寺線では石炭輸送が盛んだった。出炭量によっては重連運転も実施されたが、この日はテンダ同士を連結する運転だった

鹿児島本線　鳥栖機関区
1970年12月11日
鳥栖は鹿児島・長崎・久大本線などのジャンクションで、併設された機関区の規模も大きかった。ここには9600形も配置され入換を担当していた

日田彦山線　後藤寺
1971年8月11日
筑豊炭鉱を支える鉄道にとって各路線が交差する後藤寺駅は重要なポイント。貨物列車を担当する9600形のスタイルは多彩で、興味が尽きない

宮田線	筑前宮田～磯光
1960年3月1日	

貝島炭鉱を支える宮田線では驚くほど長い石炭列車が運行されていた。貝島では大規模な露天掘りも行っていたが、1976年に閉山となった

豊肥本線	瀬田～立野
1968年1月12日	

阿蘇の外輪山を超える急勾配の路線を9600形がゆっくり登って行った。次の立野駅ではスイッチバックを使い、阿蘇のカルデラへと入っていく

D50

主な走行路線

四国を除く全国の幹線。函館・東海道・信越・中央・北陸・筑豊本線、大船渡線、常磐線など

太いボイラに4軸の動輪、迫力に満ちた貨物用機関車だ。9900形として誕生した時はデフレクタがなかったが、後年取り付けられたものも多い。個人的にはこれによってより格好良くなった気がする

ボイラ容量、シリンダ径、炭水車など当時最大 主幹線の貨物、勾配用機関車

　大正末期に開発された大型貨物用蒸気機関車だ。先に紹介した旅客用C51形と対をなす存在で、当初は9900形とされたが、1928年の形式称号改正でD50形となった。

　D50形ではC51形同様、当時の幹線最大軸重となる15.0 tで設計された。ボイラは量産の続いていた9600形より一回り大きく、さらに9600形と同様、広火室とされた。そのため、軸配置は1D1として軸重バランスをとっている。これにより9600形に比べて50％近い出力増強を果たした。

　このほか、D50形では国産機では初めての棒台枠を採用、給水温め器付きの給水ポンプなど新機軸も随所に盛り込まれている。

　D50形は東海道本線の山北（現・御殿場線）をはじめ、北陸本線、山陽本線、中央本線などに配備された。いずれも急勾配が連続する区間から集中配置され、山北では多数活躍していたマレー式機関車を置き換えている。

　D50形は大型機ゆえ運用できる線区に制約があり、戦後は軸重軽減改造でD60形となったものも多いが、筑豊本線では本来の姿で使用が続いた。1971年4月まで使用された最後の一両となったD50140号は『京都鉄道博物館』に静態保存されている。

動輪径 1400mm

ボイラー圧力 13kg/㎠

DATA

製造開始● 1923年
製造数● 380両
引退● 1972年
最高速度● 70km/h
全長● 20,003mm
最大軸重● 15.0 t

1969年 筑豊本線 直方

D50205号はパイプ煙突に換装され、重厚さが減った感じだ。リベット組み立てのごつい車体には化粧煙突の方が似合っている

真横から見ると2つのドームの大きさの違いが際立つ。煙突寄りの小さなドームは蒸気溜め、運転室よりのドームは砂箱だ。砂箱の容量を増やしているのも貨物機らしい

1963年 北陸本線 米原

D50200号はデフレクタを付けているが、近代機のように先端部を斜めに落とし、一般のD50形とかなり違って見えるまた、煙突が原形

1968年 北陸本線 福井機関区

晩年のD50379号は福井で入換機として使用されていた。その時にデフレクタを外し、ヘッドライトもシールドビーム化された

1965年 磐越西線

D50327号は釜石線時代に重油併燃装置が取り付けられ、蒸気ドームと砂箱ドームの間にカマボコ状の重油タンクが載っている

1968年 函館本線 岩見沢機関区

D5055号は、昭和20年代、東海道本線で貨物列車を牽いていたが、電化の進展によって北海道に渡った。東海道から函館本線に転じたC62形と同じような運命をたどっている

1968年 筑豊本線 直方機関区

D50形も「門デフ」を取り付けたものがあった。D5090号は1970年まで活躍、最後まで残ったD50形の1両だった

1963年 北陸本線 米原

D50131号も切り取りデフを装備していたが、こちらは「長工デフ」とも呼ばれる長野工場製。「門デフ」と雰囲気がかなり違い、ちょっと不安定な気がする

| 室蘭本線 | 遠浅〜沼ノ端 |
| 1962年8月21日 |

北海道らしい雄大な直線区間を走るD50形。後ろに続く貨車は有蓋車も混じっているが大半は石炭車だ。夕張炭田を控え、石炭輸送が盛んだった

| 函館本線 | 岩見沢 |
| 1966年8月10日 |

こちらはほぼ石炭車だけの編成。九州では2軸の石炭車が使用されたが、北海道はセキ1000形やセキ3000形などのボギー台車の石炭車で組成された

信越本線	新津
1965年8月24日	

この時代、D50形は磐越西線の旅客・貨物列車で活躍していた。旅客列車は新潟発着で、D50形は新津から新潟まで信越本線へ直通運転している

写真：牛島完

磐越西線	更科信号場〜翁島
1965年8月	

会津若松から大寺（現・磐梯町）の急勾配を上がってきたD50252号牽引の貨物列車。大正生まれの古豪だが、ハイパワーを誇る機関車で、安定した走りを見せた

| 磐越西線 | 川桁 |
| 1964年4月3日 | |

磐梯山に向かって川桁駅を出発する下り列車。この先、会津若松駅に向かって下り勾配が続く。D50形牽引の下り列車にとって容易い行路だ

写真：伊藤威信

| 信越本線 | 御代田〜平原 |
| 1962年12月31日 | |

急行「白山」の先頭に立って浅間山の麓を走るD50形。通常はD51形の運用で、この日は代打？　翌年の電化に向けて架線柱も立ち始めている

写真：諸河久

| 北陸本線 | 坂田〜田村 |
| 1968年4月29日 |

D50形は米原〜田村間の交直デッドセクションのつなぎ役としても活躍した。先頭のD50328号は長野からの転属車で集煙装置が付いたままだ

写真：伊藤昭

| 信越本線 | 安中〜磯部 |
| 1954年10月31日 |

信越本線の高崎口では1962年の横川電化までD50形が活躍していた。列車の先頭に立つD50293号は電化を待たずに1960年で休車となった

|日豊本線|中津|
|1963年10月14日|

日豊本線北部には立石峠があり、これを制するため柳ヶ浦に九州最大のD50形の基地（柳ヶ浦機関区）があった。九州のD50形といえば日豊本線北部が聖地だった

写真：宮地元

|日豊本線|宇佐|
|1960年3月16日|

宇佐駅で出発を待つ上りの貨物列車。立石峠を越え、この先はD50形にとって気楽な行路だ。D50形の奥に大分交通宇佐参宮線の気動車がいる

D51

主な走行路線

全国の幹線・亜幹線。函館・東海道・信越・中央・北陸・関西・山陰・筑豊本線、八高線、伯備線など

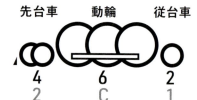

先台車　動輪　従台車
4　6　2
2　C　1

煙突からドームが一体化した姿で登場したD51形の初期型。貨物用とするにはもったいないほど流麗な姿で、愛好家には「ナメクジ」のニックネームで呼ばれている。

D50形比で高速での出力向上＆
軸重軽減を図った急行貨物用機関車

　日本の蒸気機関車では最多となる1,115両も製造され、国鉄蒸機最晩年まで全国各地で活用された機関車だ。「デゴイチ」の愛称は、そのままSLの代名詞にもなっている。

　国鉄の蒸気機関車は大正時代に本格的な国産化を達成したが、その後も改良を重ねて近代化標準機の構築をめざした。かくして誕生した近代化標準機の第1号がD51形である。それまでの機関車は国鉄とメーカーの共同開発となっていたが、D51形ではすべて国鉄による設計となっている。

　D51形はD50形の全面改良という位置付けで、運用線区拡大に向けて軸重は15.0 t→14.0 t、動輪軸距も4,710㎜→4,650㎜とされたが、開発中に各地の軌道強化が進んだため、軸重はそのまま、動輪軸距のみ短縮した。動輪径は1,400㎜と同じだが、最高速度は75km/h→85km/hと向上している。動輪は従来のスポーク式ではなく日本初のボックス式（箱型）。輪芯部には丸い穴が並び、軽量ながら変形しにくいのが特長だ。

　初期に製造されたD51形は煙突から給水温め器・砂箱・蒸気ドームを一体のカバーで覆った通称「ナメクジ」型で、貨物機にはもったいないフォルムとなっていたが、整備がしにくいということで、給水温め器を煙突の前に備えた形で量産された。

　現在、JR東日本とJR西日本で1両ずつ動態保存、静態保存機も100両以上数える。

写真：伊藤威信

動輪径 1400mm

ボイラー圧力 15kg/㎠

DATA

製造開始●	1936年
製造数●	1115両
引退●	1975年
最高速度●	85km/h
全長●	19,730mm
最大軸重●	15.0 t

初期型（D511〜85、91〜100）

1970年 奥羽本線 大館機関区

D51形のトップナンバー。現在は京都鉄道博物館に静態保存されている。その際、極力標準装備に改装されたが、写真は奥羽本線で活躍していた最晩年の現役時代だ

写真：小泉喬

1970年 関西本線 亀山機関区

D512号は東海道本線に新製導入、晩年は関西本線で運用された。1971年4月の関西本線名古屋口で最終貨物列車の牽引も担当。現在は津山まなびの鉄道館に静態保存

1968年 函館本線 滝川機関区

D513号は晩年、北海道で運用され、デフレクタの前側を切り詰めるなどの改造が行われている。ドームの砂撒き管出口のカバーも外され、ちょっと残念な姿で引退した

1969年 肥薩線 吉松

D5118号はタブレットキャッチャ取り付けでナンバープレートの位置がずれている。晩年は本州の美祢線に移動、現在は石炭記念館（山口県）で静態保存されている

1969年 奥羽本線 横手機関区

D51100号は初期型のラストナンバー。煙突後ろのドームカバーを欠き取り、テンダには重油併燃装置の重油タンクを搭載

1966年 留萌本線 留萌機関区

D51100号はシールドビーム副灯を取り付け。写真の時代は標識灯も常設していた

D514号も北海道で例の多いデフレクタ前側を切り詰めるなどの改造を実施

標準型（D5186〜90、101〜954）

1964年 東海道本線 吹田第一機関区

D51形のデフレクタは標準装備だったが、吹田のD51133号は入換専用で使用、運転室からの視界を確保するため撤去された

写真：竹島紀元

1962年 函館本線 倶知安機関区

形式入りナンバープレートが残り、オリジナルの姿を留めていたD51204号。煙突前の給水温め器が標準型以降の特徴だ。またテンダー台車は鋳鋼製

写真：宮地元

1966年 函館本線 五稜郭機関区

標準型のサイドビュー。一体型のドームではなくなり、給水温め器の位置と向きが変わり、蒸気溜めと砂箱だけのドームに変更された。道内用のためキャブは密閉型に変更

1969年 日豊本線 鹿児島機関区

晩年は南延岡に転属、日豊本線で使用されたD51222号。引退後、縁あって那覇市に静態保存。唯一沖縄に渡ったD51形である

1968年 石北本線 遠軽機関区

デフレクタ前端部を切り詰め、この時代の北海道標準型となったD51157号。ヘッドライトのわきに小さな標識灯も増設された

1968年 函館本線 倶知安

1966年頃から入換時の誘導員安全対策としてデフレクタ前端部を切り詰めた切詰デフへの改造が道内で行われた。左ページと比較すると短いのがわかる

標準型（D5186～90、101～954）

1968年　山陰本線　福知山機関区

後藤式切り取りデフ、鷹取式集煙装置、重油併燃装置の重油タンクも搭載したD51499号。デフは動輪をあしらった装飾も付きだ

写真：井上恒一

1957年 北陸本線 中之郷

敦賀型集煙装置と重油併燃装置の重油タンクを搭載したD51177号。これらは窒息事故につながる機関士や乗客の煙害対策として敦賀機関区で開発された

写真：伊藤威信

1963年 信越本線 軽井沢

長工式集煙装置と重油併燃装置の重油タンクも搭載したD51373号。歩み板わきの白線はSLブームの時代に流行るが、1963年当時は珍しい。長野機関区で入れたようだ

1972年 山陰本線

後藤式集煙装置と重油併燃装置の重油タンクを搭載したD51782号。さらにデフレクタ先端下部を三角形に欠き取っている

戦時型（D511001〜1161）＋準戦時型

1961年 北陸本線 米原

写真：宮地元

D511111号は標準化改装も実施されているが、煙室扉上部欠き取り、カマボコ状の切妻ドームなどに戦時型の面影が残っていた

1971年 中央西線 木曽福島機関区

長工式集煙装置に長工式切り取りデフのD51862号は煙室扉上部欠き取りなどが施され、準戦時型といえそうな機関車だ

1950年 東北本線 田端機関区

木製のデフレクタや給水加熱器覆い、さらに戦時型のテンダなど、カマボコドームや煙室扉上部欠き取りが目立たぬほど戦時色を残していたD511068号。撮影の翌年にボイラ換装も含めた徹底改善が実施された

写真：伊藤威信

1972年 関西本線 柘植

D51906号は煙室扉が正円だが、カマボコドームを使用。後藤式集煙装置と重油併燃装置の重油タンク付き。デフレクタには「鳩」マークも付いていた。これは1971年のイベント列車牽引の頃から装着

戦後改装車

1970年 鹿児島本線 出水機関区

D511067号は標準化改装を受けたもののデフレクタはちゃちな作りだった。重油タンクも搭載されているが、これは四国で運用されていた時代の名残。鹿児島本線は1年足らずで終了、奥羽・山陰本線と各地をめぐり、1973年11月に引退となった

1971年 山陰本線 米子機関区

煙室扉はノーマルだったが、カマボコドームにフロントデッキ部の構造が変わっていたD511129号。後藤式集煙装置と重油併燃装置の重油タンクを搭載している

1972年 信越本線 新津機関区

カマボコドームに戦時型の面影が見て取れた
D511046号。撮影の半年後、長門機関区に転属、
晩年は山陰本線で過ごした

1971年 伯備線 新見機関区

準戦時型といえそうなD51860号。晩年
の戦時色はカマボコドームぐらい。後藤
式集煙装置と重油併燃装置の重油タンク
付き。引退後、福山市曙公園で静態保存

様々な排煙装置

1972年 奥羽本線 秋田機関区

D51形も切り取りデフレクタが使われ、のべ35両を数える。いわゆる「門デフ」もあるが、長野工場製の「長工式」が多い

1971年 伯備線 新見機関区

D51473号は信州で運用中、長工式デフを取り付け。1970年に新見に移動してから集煙装置を長工式から後藤式に交換した

1965年 中央本線 塩尻機関区

D51824号は長工式デフレクタと長工式集煙装置で生粋の信州仕様だった。歩み板の白線も早い時期から装飾されていた。前端部のV字が長野の特徴となっている

1972年 肥薩線 大畑

矢岳越えとなる肥薩線人吉〜吉松間で運用されたD51形は鹿工式集煙装置を装着していた。このD51668号は各地を転戦しており、敦賀式や長工式の搭載実績もある

1969年頃 奥羽本線 秋田機関区

燃料の石炭節約に効果があると1963年以降、ギースル・エジェクタの試験搭載が行われた。D51391号も施工され、前後に細長い煙突が外観上の特徴。D51形だけで試験され、のべ30余両の試用で終わった

1974年 函館本線 岩見沢機関区

室蘭本線で運用されていたD51413号にもギースル・エジェクタが試験搭載された。排気音がシュッシュではなく、高音のキュンキュンという感じに変わった

函館本線	然別〜銀山
1971年1月24日	

D51形は貨物機だが、勾配路線では旅客列車の先頭にも立った。急勾配のアップダウンが連続する函館本線「山線」の普通列車はD51形の担当

室蘭本線	沼ノ端〜遠浅
1973年6月8日	

室蘭本線の白老〜沼ノ端間には28.7kmにおよぶ日本一長い直線区間がある。勾配も緩やかで、D51形の牽く長い編成の貨物列車が次々と走ってきた

| 石北本線 | 金華〜常紋信号場 |
| 1968年7月9日 | |

常紋信号場のわきを抜け、金華へと下っていく貨物列車。この常紋越えにはD51形や9600形の補助機関車が活用された。この列車はD51形重連

| 根室本線 | 新内〜狩勝信号場 |
| 1966年8月7日 | |

「日本三大車窓」として有名な狩勝峠。ここでは編成の前後にD51形を連結し、前牽き・後押しのスタイルで峠道を登って行った

幌内線　三笠〜萱野
1975年7月5日

北海道の鉄道の原点ともいえる幌内線の貨物列車。この日は無蓋車を連ねた編成だった。先頭に立つのは「ナメクジ」と呼ばれる一体型ドームのある初期型のD5159号

根室本線 新内～狩勝信号場
1966年8月6日
狩勝トンネルの新内側にはトンネル出口を垂れ幕で覆う装置があった。列車通行の際、幕を閉めると排煙が列車にまとわりつくのが軽減された

函館本線 五稜郭～有川
1973年6月
五稜郭操車場から有川ふ頭に向かうD51形牽引の貨物列車。本州と結ぶ青函連絡船は、貨物列車の場合、函館駅と有川（現・函館貨物駅）の2か所を活用していた

奥羽本線　津軽湯の沢〜陣馬
1970年8月23日
1970年11月の矢立トンネル開通まで矢立峠を越える旧線は勾配が連続、D51形による補機が活用されていた。急行『きたぐに』を押すD51形

羽越本線　南鳥海〜本楯
1972年3月27日
1972年8月の羽越本線電化まで貨物列車はD51形が一手に担当していた。写真の列車はたくさんの冷蔵車を連ね、北海道連絡の列車と思われる

東北本線	長根信号場〜滝沢
1967年1月8日	

東北本線では滝沢界隈の峠道も難所だった。貨物列車や急行列車ではD51形などの補機が連結された。電化時、線路は勾配緩和した別線に移された

東北本線	御堂〜奥中山
1964年4月2日	

D51形3重連をはじめC61形やC60形をまじえた重連、後部補機などさまざまな列車が走行、SLブームの時代「奥中山」はファンの聖地だった

東北本線	福島
1960年9月2日	

東北本線で活躍する「ナメクジ」形のD51100号。機関車の後ろに連なるのは暖房車。界隈の電化で暖房車が必要になり、急ぎの回送だろうか

磐越西線	磐梯町～更科信号場
1965年8月	

磐越西線ではD50形と共にD51形も使用されていた。この日は機関車のテンダ同士を連結した面白いスタイルの重連で走ってきた

東海道本線	名古屋
1952年10月	

東海道本線に新製導入されたD512号は戦後まで持ち場離れずに活躍を続けていた。貨物機ではあるもののここでも普通列車なども担当した

横浜線	八王子
1963年3月	

横浜線では1969年10月改正までD51形やC58形による貨物列車が運行されていた。旧型国電と共に架線の下をSLが走っていたのだ

中央線	田立～南木曽
1973年5月18日	

中央西線とも呼ばれる塩尻～中津川間の電化は1973年5月末。7月から本格的な電気運転が始まった。それまで重装備のD51形が活躍していた

篠ノ井線	姨捨
1965年11月11日	

篠ノ井線では1970年のDL化までD51形が活躍していた。「日本三大車窓」のひとつ、姨捨からの景観を煙で隠すように列車が走って行った

|中央本線|塩尻〜東塩尻信号場|
|1964年1月3日|

中央東線の電化は1965年5月。辰野まわりの旧線を貨物列車が走っていく。先頭に立つD51形は長工式集煙装置と重油併燃装置を備えた重装備

関西本線	加太～中在家信号場
1970年10月11日	

関西本線の加太越えもSLファンを魅了したポイントだ。集煙装置や重油併燃の重装備で身を固めたD51形を前後に連結して坂道を登っていく

写真：小泉喬

北陸本線	杉津
1962年2月25日	

1962年6月の北陸トンネル開通まで敦賀～今庄間は海岸まわりの旧線を走っていた。大小のトンネルが連なり、急勾配が続くため集煙装置はここで開発された

写真：宮地元

北陸本線	風波信号場〜親不知
1963年7月21日	

北陸本線は複線化、勾配緩和、電化と改革を進めてきた。親不知の界隈は景色が良かったが、地盤が軟弱で土砂崩れが多発。新線へと切り替えた

写真：伊藤威信

北陸本線	刀根
1956年8月25日	

北陸本線敦賀〜今庄間の旧線は勾配が急なためスイッチバックも活用していた。ここには刀根駅をはじめ4つものスイッチバックがあった

伯備線 布原信号場〜新見駅
1971年4月22日
伯備線ではD51形3重連運転を実施。ただし上り勾配となるのは布原を出てトンネルに入るまで。わずかな区間の情景がSLファンを魅了した

写真：牛島完

長崎本線 大草〜東園信号場
1965年3月
長崎本線の長与まわりの路線は大村湾沿いを走り、風光明媚な情景が広がった。穏やかな内海に沿って「門デフ」を装備したD51形の貨物列車が走ってきた

| 肥薩線 | 吉松〜真幸 |
| 1968年1月9日 | |

肥薩線の人吉〜吉松間は矢岳越えとして急勾配が連続している。ここでは編成の前後に重装備となったD51形を連結して運行された

| 肥薩線 | 真幸〜矢岳 |
| 1971年7月28日 | |

人吉〜吉松間には大畑のループ線と2つのスイッチバックがあった。雄大な車窓は「日本三大車窓」のひとつに数えられている

D52

主な走行路線
函館・室蘭・東海道・山陽本線、山手貨物線、御殿場線など

車両限界に迫る太いボイラ。平べったいドームが限界の厳しさを感じさせる。さらに小さな運転室もボイラの長さを強調するようだ。他を圧倒する日本最大の貨物用蒸気機関車だ。

軸重の許容限度いっぱいの大型ボイラを搭載
最強の牽引力を持つ超大型貨物用機関車

太平洋戦争中に登場した超大型貨物用蒸気機関車だ。この時代、戦火による内海航路の疲弊が著しく、その対策として鉄道輸送を強化するために開発された。

D52形にはD51形を上まわる牽引力が課題とされ、幹線10‰勾配ではD51形の1,050 tから1,150 tと10％近く増強、さらに石炭輸送では1,200 t牽引もめざした。また、既存の転車台を使うことも必須条件とされ、軸配置はD51形と同じ1D1とされた。

こうした条件下で性能アップをめざすため、ボイラは極限まで大きくされ、火室の火格子面積も手焚きで限界のサイズとされた。一方、戦時下で資材が不足、製造工程の短縮化も必要とされ、デフレクタ・ボイラわきの側歩み板・テンダの炭庫覆いなどは木製となり、弁装置やドームなどの金属部品も極力加工工程を減らしている。

D52形は東海道・山陽本線、函館・室蘭本線に投入され、石炭輸送などを中心に使用されたが、運用実績は石炭の低質化などもあり、実際にはD51形並みだったという。さらに故障も多く、戦後に標準化を含めた改装が実施された。ここではボイラ交換という大手術を受けたものも多い。これで本来の性能を示すことができた。

なお、運用線区拡大のため軸重軽減を施したD62形、あるいは旅客用C62形へ改造された機関車もある。

動輪径 1400mm
ボイラー圧力 16kg/c㎡

DATA
製造開始● 1943年
製造数● 285両
引退● 1975年
最高速度● 85km/h
全長● 21,005mm
最大軸重● 16.6 t

1968年 函館本線 五稜郭機関区

東海道本線電化後、D52形のうち10数両が海を渡り、五稜郭機関区の配置となった。1968年3月末でも13両が配属され、D52形最後の活躍の場となったのである

D52形の巨大さを実感するなら機関車の右側（非公式側）がポイントとなる。通常、垂直に設置されている汽笛が斜めに傾いている。これは車両限界をクリアするために苦慮した造作だ

1966年 函館本線 五稜郭機関区

D52形の煙室前面は角に丸みを付けず、フラットな設計。質実剛健な貨物機という感じだ。さらに煙突の前には給水加熱器も備えている。これらにより同じ大きさのボイラを使うC62形よりもより大きく見える

1963年 鹿児島本線 門司機関区

D52379号はデフレクタの下を三角形に欠き取っている。これも「門デフ」を生み出した小倉工場の改造。D52333号にはちゃんとした門デフも装備されたが、これも一旦、三角欠き取りをしてから門デフ化

1963年 山陽本線 八本松

D52形は戦時設計で製造され、戦後一般形に再改造された。D52131号はデフレクタなどを鋼板に改めているが、ドームやテンダに戦時型の造作が残っていた

函館本線 七飯〜大沼 1970年2月20日 北海道のD52形は函館・室蘭本線を経由して函館〜鷲別間で貨物列車を牽いていた。巨人機ゆえ、入線できる路線も限られていたのだ

室蘭本線 大岸〜礼文 1971年9月14日 1970年頃、コンテナ輸送も進んできたが、さまざまな貨車を混結した編成も多かった。白い貨車は冷蔵車。北海道で水揚げされた水産物だろうか

写真：宮澤孝一

| 東海道本線 | 熱田付近 |
| 1953年10月 | |

東海道本線は日本の物流を支える最重要幹線でD52形による重量級の貨物列車が頻繁に運行されていた。D52形は稲沢などに集中配置された

| 御殿場線 | 岩波 |
| 1966年9月29日 | |

御殿場線は東海道本線として運行されていた時代もあり、線路規格が高く、D52形の入線が可能だった。1968年7月の電化まで活躍していた

函館本線　七飯〜大沼
1971年5月29日

七飯〜大沼間は下り列車に対して20‰の上り勾配が連続していた。そこで1966年に勾配を10‰に緩和した別線をつくり、下り列車はここを通すようにした。D52形牽引の下り列車が新線の10‰勾配を登っていく

写真：宮地元

写真：宮地元

山陽本線	瀬野〜八本松
1961年1月4日	

山陽本線の瀬野〜八本松間は上り列車に対して20‰超の坂が連続している。特急「かもめ」は広島駅から列車最後部にD52形の補機を連結した

山陽本線 瀬野〜八本松
1961年1月4日
補機はサミットとなる八本松で役目を終えた。機関車切り離しのための停車時間を惜しみ、特急や急行では走行中の切り離しを実施していた

写真：宮地元

`御殿場線` `駿河小山〜足柄`
`1966年10月`
御殿場線は丹那トンネル開通まで東海道本線の一部だった。御殿場線となり複線から単線化。複線時代の遺構が残る橋梁をD52形が渡っていく

`山陽本線` `瀬野〜八本松`
`1963年7月27日`
瀬野〜八本松間では重量級の貨物列車となるとD52形が重連で後部補機となった。1962年5月の電化後もD52形補機運転がしばらく続いた

| 山陽本線 | 下松〜光 |
| 1962年3月3日 | |

瀬戸内海沿いを走るD52形。山陽本線も国鉄屈指の重要幹線で、D52形は広島第一24両、瀬野14両、小郡32両など界隈に大量配備されていた

| 鹿児島本線 | 香椎 |
| 1957年 | |

1955年秋頃から九州島内でもD52形が運用された。門司機関区に6両ほど配置され、門司〜鳥栖間で貨物列車を牽引したが、電化により7年ほどで置き換えられた

D62

主な走行路線

東北・東海道・山陽本線など

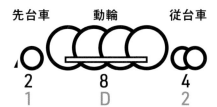

戦時中に開発された日本最大の貨物用蒸気機関車D52形を整備する目的も含めて誕生したD62形。各部が美しく整備され、D52形を上まわる魅力的な機関車となった

状態のよくないD52形をリファイン後に再改造して軸重軽減

　D62形は、D60形、D61形と数字が続き、軸配置も同じ1D2。D形60番台で最後に登場した機関車のように思えるが、実はこのシリーズで最初に登場した機関車だ。

　D62形はD52形を改造して誕生した。改造は2段階で行われ、最初の改造は戦時中の粗悪な製造だったD52形の更新が主目的だった。また、D52形は手焚きで限界サイズの火室を備えていたが、D62形では乗務員の労力軽減のために自動給炭機が備えられた。この改造時、従台車を1軸から2軸に交換したのは、将来的な運用拡大を想定したもので、この段階での軸重は16.6 t→16.8 tと逆に増えている。

　完成したD62形は東海道本線に導入され、D52形と共通運用で使用された。自動給炭機と共に2軸従台車により走行時の動揺も減り、乗務員に好評だったという。

　東海道本線全線電化ののち再改造され、今度は軸重軽減が行われた。ここで16.8 t→15.0 tとなり、東北本線長町～盛岡間に転用されたのだ。ただし、超大型機ゆえ、それ以上の転用は難しく、1965年10月の東北本線盛岡電化後も架線下で1年ほど使われ、全機引退となった。

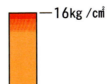

動輪径 1400mm　ボイラー圧力 16kg/cm²

DATA

製造開始● 1950年
製造数● 20両
引退● 1966年
最高速度● 85km/h
全長● 21,105mm
最大軸重● 15.0 t

1964年 東北本線 盛岡機関区

D62形は車体が巨大ゆえ、ドームから突き出した汽笛は車両限界に納めるため、C62形やD52形と同様、斜めに設置されている

20両製造されたD62形のトップナンバー。1959年末から一ノ関機関区に全20両が集中配置され、東北本線長町〜盛岡間の貨物列車の先頭に立った

東北本線	盛岡機関区
1964年4月3日	

盛岡機関区は東北本線・橋場線（現・田沢湖線）・花輪線を管轄していた。D62形は配置されていなかったが、ここで折り返すため給炭水を実施

写真：宮地元

東北本線	一ノ関管理所
1960年9月2日	

煙室扉を開き、煙室内にたまったシンダを掻き出す作業中。給炭装置の活用もあり、D62形のシンダは粒が細かく、大量に排出されたという

東北本線	一ノ関管理所
1962年8月	

D62形が配属されていたころの一ノ関の車両基地は、1961年10月10日に発足した一ノ関管理所となっていた。1968年に一ノ関機関区に戻る

写真：宮地元

東北本線	盛岡
1960年8月30日	

盛岡駅に到着したD627号牽引の貨物列車。軸重軽減されたといいながら巨人機D62形が入線できるのは盛岡まで。ここからD51形に交代

東海道本線	名古屋
1953年10月	

D62形は東海道本線の浜松〜米原間で運用を開始、電化の進展によって東海道本線での晩年は米原〜吹田間の運転となった。当時は軸重軽減前

東海道本線	名古屋〜熱田
1953年10月	

電化の進む東海道本線で貨物を牽引。写真のタイミングでは東京〜名古屋間は電化されており、架線が張られているのがわかる

D60

主な走行路線

根室・紀勢・山陰・筑豊・久大本線、横黒線、磐越東線、山口線など

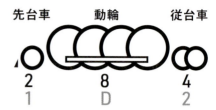

運転室下の2軸従台車がD60形の特徴。先輪もD50形時代のスポークからプレートに交換されている

D50形を改造し軸重軽減
9600形などの置き換え用に投入

　幹線電化の進捗などで余剰となったD50形をローカル線の輸送力増強に向けて転用改造した機関車だ。

　改造のポイントはD50形で15.0 tとなっていた軸重を13.8 tに落としたこと。これにより線路規格の低いローカル線での運用が可能になった。この軸重軽減は、従輪を1軸から2軸に増やし、ここに機関車重量を分散させて実施している。

　2軸従台車はC62形やC61形の開発で実用化された鋳鋼台枠を使用している。近代的な外観で、大正時代に製造されたD50形に似合わないが、逆にこのアンバランスがおもしろいと考えるファンもいる。ここまでして活用するほど、D50形は優れた機関車だったのだ。

　さらにD50形→D60形ではボイラの加熱面積を増やす改造も施され、これによって燃焼効率が良くなり性能的にもアップした。

　D60形は、根室本線・横黒線（現・北上線）・磐越東線・紀勢本線・山口線・久大本線などで活用されたほか、最後は筑豊本線で1973年まで使用された。ここはD50形が最後まで使われた路線でもあり、D60形改造の意味がない皮肉な運用となった。

動輪径 1400mm

ボイラー圧力 13kg/cm²

DATA

製造開始● 1951年
製造数● 78両
引退● 1974年
最高速度● 75km/h
全長● 20,003mm
最大軸重● 13.8 t

1968年 筑豊本線 直方機関区

D60形はデフレクタが標準装備となったが、D6032号は先端が近代機のように斜めに欠き取られていた。煙突もパイプ煙突となり、一般のD60形とは雰囲気がだいぶ異なる

1965年 磐越東線 平機関区

D6023号は化粧煙突で、デフレクタもD50形から続く標準スタイル。ただし、ヘッドライトがシールドビームに換装されていた

1969年 筑豊本線 直方機関区

運転室下の従台車がD60形の特徴。D6031号もデフレクタの先端部が斜めに欠き取られていた。煙突は化粧飾りを残して先端部を継ぎ足していた

1967年 常磐線 平機関区

平機関区のD60形はヘッドライトをシールドビームに換装したものが多かった。D6078号ではさらにシールドビームの副灯も備えていた。煙突には皿状の火の粉止めも付けられている

写真：牛島完

写真：牛島完

1966年 根室本線 池田機関区

右のD6039号と比べると2灯備えたシールドビームがチャチに見える。煙室扉前の筒状部品はD50形時代から備えられていた給水加熱器だ

池田機関区のD60形は根室本線新得～釧路間を担当していた。D6039号は正面から見るとD50形時代の面影を残し、好ましいスタイルだった

1964年 奥羽本線 横手機関区

横手のD60形は横黒線（現・北上線）で運用されていた。トンネル対策として煙突の先端に盛岡式の集煙装置が備えられていた

1964年 奥羽本線 横手機関区

同じく盛岡式の集煙装置を装備したD6029号。デフレクタのシリンダ上に四角い筋が見えるが、これは点検口。この機関車は蓋が付いているが、穴をあけてしまったものも多い

1969年 筑豊本線 直方機関区

D60形でも「門デフ」を装備した機関車が9両あった。写真のD6026号は直方機関区所属機だが、ほかはD603号、D6060号などすべて大分運転所所属の機関車だった

D60形の「門デフ」は基本的に全機同じ形状で、ボイラ中心より下側を大きく欠き取ったスタイルとなっていた。真横から見ると細い門デフのせいか、ボイラも長く見える

奥羽本線	横手
1964年4月2日	

横手のD60形は横黒線（現・北上線）で運用されていた。トンネル対策として煙突の先端に盛岡式の集煙装置が備えられていた

北上線	黒沢～岩手湯田
1967年1月10日	

北上線（1966年10月に横黒線から改称）では20‰勾配が連続しており、D60形の後部補機を連結して岩手湯田（現・ゆだ高原）に向かっていった

| 磐越東線 | 川前 | 磐越東線では1968年9月までD60形をはじめ、9600形、8620形が運用されていた。
| 1966年8月24日 | | 郡山行きとD6038号牽引の平（現・いわき）行きが交換

磐越東線 川前〜夏井
1968年3月20日
阿武隈高地を横断する磐越東線では20‰勾配が連続、重連運転も行われていた。この日の貨物列車でD6077号の次位に着くのは9600形だった

写真：宮地元

磐越西線 翁島〜猪苗代
1960年8月19日
磐越西線でもD60形が起用されることがあった。D6076号は1960年9月に郡山〜翁島間でお召列車を牽引する。それに向けて機関車の整備が進められていた

筑豊本線	桂川
1969年3月18日	

桂川駅で気動車列車とすれ違う「門デフ」付きのD6026号。その右側には石炭車セラ1形が停まっている。炭田地帯を貫く鉄道らしい情景だ

筑豊本線	折尾
1971年8月11日	

筑豊本線のD60形は旅客列車も牽引していた。この時代の筑豊本線折尾駅は鹿児島本線の下を潜る構造。このホームも思い出となってしまった

筑豊本線	直方
1969年3月18日	

直方機関区は1969年3月末現在、D60形11両をはじめ45両ものSLを配属する北九州の一大拠点となっていた。若松のC55形も姿を見せた

筑豊本線	直方機関区
1969年3月18日	

直方には多くのSLが集い、煙ったような状態だった。右端、煙突わきに排煙評価板がある。機関助士はこれを目安に煙害を減らすよう工夫した

鹿児島本線	鳥栖
1969年10月25日	

D60の重連（D6062号とD6067号）で旅客列車を牽引。列車はこの後、久大本線へ。久大本線では8620形の置き換えで、D60形が投入されてた

九大本線	由布院
1968年10月22日	

久大本線は筑豊本線と共に九州ではD60形最後の活躍の場だった。由布院駅から水分峠に向かって25‰の急勾配が続く。罐圧を上げながら出発

旅客用D51形を貨物用に改造
わずか6両だけにとどまった機関車

動力近代化の進捗で余剰となったD51形を元に、老朽化した9600形の置き換え用として製造された。1959年に登場、国鉄が導入した最後の蒸気機関車形式だ。

改造のポイントは2軸従台車を活用した軸重軽減で、15.0 t → 13.8 tとしている。ちなみに9600形は13.7 tだった。この時代、国鉄では軌道強化を進めており、1959年には線路等級を1～4級線と区分け直し、最大軸重は1964年までにそれぞれ18 t、17 t、15 t、14 tとした。軸重だけで判断すれば、14 t以下ならどの路線でも入線可能なのだ。

なお、D61形の2軸従台車は形状こそD60形などに似ているが、鋳鋼ではなく鋼板溶接構造だ。鋳造方式に問題があったのか、D61形と同時期に製造されたC60形後期型も鋼板溶接構造となっている。

また、D61形は北海道での運用が想定されたため、運転室は密閉式となった。

当初は相当数の改造が予定されそうだが、動力近代化の進捗もあり製造はわずか6両に留まった。全機が留萌本線および羽幌線で集中運用されている。さらに両線ではD51形と共通運用が組まれており、D61形改造の意味がない使われ方となっていた。

DATA
- 製造開始● 1959年
- 製造数● 6両
- 引退● 1975年
- 最高速度● 85km/h
- 全長● 19,780mm
- 最大軸重● 13.8 t

動輪径 1400mm

ボイラー圧力 15kg/㎠

D61

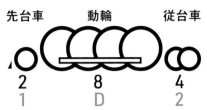

旅客 / **貨物**
タンク / **テンダー**

先台車　動輪　従台車
2　　　8　　　4
1　　　D　　　2

主な走行路線
留萠本線、羽幌線

D51形との違いは運転室下の2軸従台車だが、北海道向けに密閉式となった運転室も目立つ。ヘッドライトの枠はトンネル内などのツララ防護用設備だ

1966年 留萌本線 深川機関区

ヘッドライトまわりに五角形のような棒が付いているが、これはトンネル内などに発生するツララによってヘッドライトの破損を防ぐ防護用。深川機関区所属機はD61形に限らず、D51形、9600形にも取り付けられていた

1960年 関西本線 亀山機関区

D61形の特徴となる運転室下の2軸従台車は鋼板溶接構造。D60形の2軸従台車に比べるとややすっきりした外観となっている

1968年 羽幌線 築別派出所

D614号のテンダ台車は左ページD615号のような鋳鋼製ではなく、鋼板組立式となっている（296ページも参照）。これはタネ車となったD51形の部品をそのまま活用したことによる違いだ。ちなみにD614号はD51224号、D615号はD51205号からの改造

1966年 留萌本線 留萌機関支区

留萌本線（現・留萌本線）や羽幌線で活躍したD61形は、1960年代後半からヘッドライトのわきにシールドビーム副灯の増設を実施している

留萌本線 深川機関区
1966年8月10日
留萌本線（現・留萌本線）や羽幌線で使用するD61形は深川機関区留萌派出所に集中配置されていた。両線の石炭輸送を支える要衝だった

羽幌線 三泊〜留萌
1966年8月10日
留萌川を渡って留萌駅へ向かうD616号牽引の貨物列車。機関車の次位に連結されているのは冷蔵車。日本海から揚がった鮮魚の輸送だろうか

写真：宮地元

| 関西本線 | 亀山機関区 |
| 1960年3月3日 | |

D51640号から改造されて落成からわずかな頃の1号機。関西本線などでテスト走行後、北海道に渡り深川機関区で運用された。このころはまだ密閉キャブではない

| 羽幌線 | 築別〜羽幌 |
| 1968年7月7日 | |

羽幌線は海岸線沿いに走り概ね平坦な路線だったが、20‰急勾配もあり、重連運転もあった。D61形の次位はナメクジとも呼ばれたD51一次形

2軸機関車

B20 ・・・・・・・・・・・・・・・・ 304

5軸機関車

4110 ・・・・・・・・・・・・・・・・ 310
E10 ・・・・・・・・・・・・・・・・ 316

B20

主な走行路線

横須賀線各駅、小樽築港機関区、鹿児島機関区

旅客 / 貨物 / タンク / テンダー

動輪
2
B

国内および大陸での使用を想定
産業用の小型蒸気機関車

　国鉄制式機では最小となる機関車だ。

　戦時中、製鉄所などの工場、そして工場や港湾と国鉄線を結ぶ専用線の小運転用機関車が不足した。ここでは当時の制式機最小のＣ12形よりも小さな機関車が求められた。

　開発にあたって国鉄設計陣と機関車メーカー合同の委員会が設置され、設計が進められた。ここでは動輪、台枠板、ボイラ板などを共通化し、1,067mm以外の軌間にも対応可能なものとされた。部品の共通化ができれば、製造時の効率化が果たせる。さらに資材や作業工程を抑える工夫も施され、戦時設計小型機の図面が出来上がった。

　ここでは610mm、762mm、1,000mm、1,067mm、1,435mmといった軌間がラインナップされたが、その第一陣として誕生したのが国鉄向け1,067mmバージョンだった。

　軸配置は動輪2軸、先輪や従輪のないB。国鉄形式としてはB10形が存在したので、B11形とするところだったが、車体重量に合わせてB20形とした。一連の設計では機関車重量に合わせた番号を使っており、国鉄もそれを踏襲したのである。

　残念ながらB20形の完成は戦後となり、当初の用途は失われ、横須賀線沿線の米軍基地入換などに使用された。また、国鉄機関区で無火機関車の入換にも使用されたが、大した活用もないまま引退となった。

　現在、京都鉄道博物館などに2両が静態保存されている。

総重量20.3 t、国鉄開発の制式機としては最小の蒸気機関車だ。その小ささ共に戦時設計の無骨なスタイルもB20形の大きな特徴となっている

DATA

製造開始● 1945 年

製造数● 15 両

引退● 1972 年

最高速度● 40km/h

全長● 7,000mm

最大軸重● 10.2 t

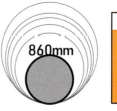

動輪径 860mm

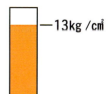

ボイラー圧力 13kg/cm²

1968年 函館本線 小樽築港機関区

B20形のファーストナンバー。小樽築港配属後、ボイラ上のドームには鐘と安全のシンボル緑十字をモチーフにしたマークが掲げられた

1965年 日豊本線 鹿児島機関区

B20形で最後まで現役を通したB2010号。サイドから眺めると角ばったドーム、質素な運転室まわりなどに戦時設計が感じられる

1968年 函館本線 小樽築港機関区

正面から見ると台枠幅となった小さな端梁、むき出しになった左右のシリンダに延びる蒸気パイプがB20形の独特な風貌を形どる

函館本線　小樽築港機関区
1971年1月19日
B201号は東北本線の黒澤尻（現・北上）から小樽築港機関区に転属、1967年10月23日に廃車となった。廃車後もしばらく保管され、現在は万字線鉄道公園に保存

函館本線　小樽築港機関区
1971年1月19日
廃車後も小樽築港機関区に保管されていたB201号。奥には日本最大の旅客用蒸気機関車C62形が休んでいる。機関車の小ささがひときわ目立つ

鹿児島本線	鹿児島機関区
1972年頃	

B2010は鹿児島機関区で小入換を担当。機関車の次位に連結されているのは石炭車セラ1形。機関区内の燃料輸送を行っていたことが判る

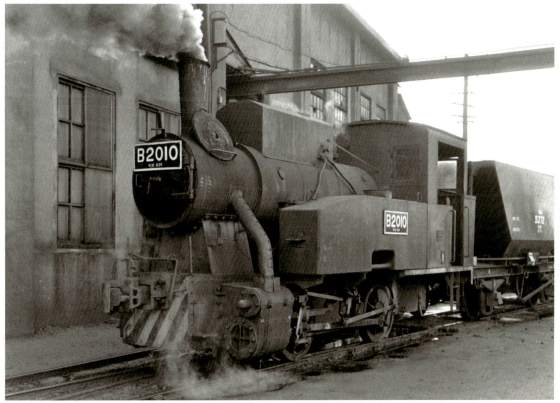

鹿児島本線	鹿児島機関区
1968年1月7日	

B2010号は形式名入りの立派なナンバープレートを掲げていた。その一方、端梁には警戒塗装が施され、入換専門の裏方機関車という感じもした

4110

主な走行路線

奥羽本線、肥薩線など

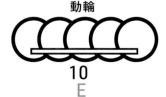

旅客 / 貨物 / タンク / テンダー

動輪 10 E

急勾配専用の機関車
第3動輪フランジレスの5軸が特徴

　奥羽本線板谷峠、鹿児島本線（現・肥薩線）人吉〜吉松間にあった30‰を超える急勾配専用に開発された機関車だ。

　動輪は5軸、先輪および従輪はない。日本でこうした機関車の開発経験はなく、ドイツから4100形として4両サンプル輸入した。その試用結果を踏まえ、日本向けに設計変更、4110形として製造された。大正時代の登場で機番は4桁の数字表記。1928年の形式称号改正でもそのままとされた。

　4100形からの変更点は、火室を狭火室から広火室として出力アップをはかったこと。火室は動輪の上に配置されるため、ボイラ中心線が2,563mmと9600形並みに高くなった。重心を下げる工夫が必要になり、4110形ではボイラ下に水タンクを増設、さらにサイドタンクは上部をカットした。また、第1・5動輪の横動を29mm→57mmと増やし、半径90mの急曲線も走行できるようにした。このほか台枠を棒台枠から板台枠にしているが、これは当時の日本の素材事情による。

　好成績のため、国鉄で39両が製造されたほか、台湾総督府鉄道や北海道の炭鉱鉄道でも同形機が導入されている。国鉄機は1949年で引退したが、北海道の美唄鉄道では1972年5月の炭鉱閉山まで活躍した。

DATA

製造開始● 1914年
製造数● 39両
引退● 1950年
最高速度● 50km/h
全長● 11,507mm
最大軸重● 13.4 t

動輪径 1245mm
ボイラー圧力 12.7kg/c㎡

貨物機9600形とほぼ同じサイズの動輪を5軸使った全軸駆動。いかにもパワフルな面構えの蒸気機関車だ。写真は国鉄から三菱鉱業に払い下げられた4144号

1966年 美唄鉄道

4110形の水タンクは細長く、その上には空気ブレーキ用のタンクを備えていた。水タンクを低い位置に細長くしたことで重心を下げる工夫としている

煙突の形状は最初期の物と変わらないが、板台枠部分に補強が入ったりしている

写真：八十島義之介

| 奥羽本線 | 板谷 |
| 1936年頃 | |

4110形は新製時、奥羽本線の庭坂機関庫に18両、追って米沢機関庫にも配備され、のべ25両の陣容で福島〜米沢間の列車を担当した

写真：八十島義之介

| 奥羽本線 | 庭坂 |
| 1936年頃 | |

庭坂駅にて機関車付け替え作業を行う4122号。これから撮影者がいる客車と連結し、板谷峠に挑む。この区間の4110形はボイラ位置を後位として運転していた

美唄鉄道	美唄機関区
1966年8月5日	

美唄機関区で出番を待つ蒸気機関車たち。左から4110形と同形の自社発注2号、国鉄9600形払下げの7号、国鉄4110形払下げの4144号

美唄鉄道	美唄機関区
1966年8月5日	

三菱鉱業自社発注の2号。1920年製造で、細部は国鉄4110形後期型に準じた仕様。車庫内には前ページで庭坂駅に停車していた4122号の姿も

美唄鉄道	美唄炭山
1968年7月4日	

2号機の牽く運炭列車。北海道の運炭列車はボギー石炭車が使われ、機関車の後ろにはセキ1000形やセキ1形などが連なっている

美唄鉄道	美唄機関区
1966年8月5日	

美唄鉄道の4110形では動力逆転機(運転室前のサイドタンク上に搭載した機器)も備えていた。進行方向切り替えに威力を発揮したと思われる

E10

主な走行路線
奥羽・北陸本線など

旅客 / **貨物**
タンク / テンダー

先台車 動輪 従台車
2 10 4
1 E 2

写真：宮地元

4110形の置き換えとして開発
第2、第3動輪はフランジレス

　国鉄では最大最強となるタンク式機関車だ。4110形の後継となる急勾配用として開発された。

　4110形が起用されていた奥羽本線板谷峠は、現在「山形新幹線」としても運転されるが、急勾配に加えて長いトンネルも多い。蒸機による運転は困難とされ、1946年度から電化工事が始まった。しかし、財政難もあって工事は一時中断。老朽化していた4110形の置換え用として急遽新製が決まった。

　E10形の設計に当たって板谷峠の線路事情が精査された。当時はスイッチバックが連なり、引上げ線の線路有効長が短かった。ここから4110形同様、動輪5軸のタンク機とされ、出力を得るためD52形に準じた大型ボイラの使用が決まった。さらに炭水容量も確保すべく、全長が延びて1E2の軸配置となった。E10形では半径100mの曲線通過も盛り込まれ、第3・4動輪をフランジなしとするなどしてクリアしている。

　E10形は完成と同時に奥羽本線に投入されたが、1949年に板谷峠電化が完成、実働1年足らずで肥薩線に転じた。しかし、ここでは曲線部の通過に支障をきたし、半年足らずで北陸本線倶利伽羅峠に再転用された。倶利伽羅峠も1957年に勾配緩和の別線に切り替えられ、最後は北陸本線米原〜田村間の交直切り替え接続の小運転で使用された。

　薄命に終わったE10形だが、E102号の1両が青梅鉄道公園に静態保存されている。

E10形はボイラ部を後位とした特殊構造で、機関士は運転室の手前側、炭庫向きに座って運転した。そのため、ドームにつながる加減弁の連結棒がこちら側にある

動輪径 1250mm　ボイラー圧力 16kg/cm²

DATA

製造開始● 1948年
製造数● 5両
引退● 1962年
最高速度● 65km/h
全長● 14,450mm
最大軸重● 14.2 t

1961年 北陸本線 米原機関区

写真：宮地元

機関士が炭庫向きに座るのは不便だったのか、ほどなくボイラ向きに座るように改造された。ただし、左右の位置は変わらず、写真側が機関士席となっている

1962年 北陸本線 米原機関区

写真：宮地元

E10形では写真側に運転席があるため、弁装置の操作もこちら側となった。当初の運転士位置では手動逆転機が扱いにくく、動力逆転機が採用されている

| 北陸本線 | 米原 |
| 1961年1月6日 | |

米原〜田村間で旅客列車を牽くE10形。E10形では写真手前が機関助士側となり、ドームには車両限界に合わせて斜め配置となった汽笛がある

| 北陸本線 | 田村駅 |
| 1960年8月15日 | |

この時代の北陸本線は米原〜田村間を非電化とし、田村以遠が交流電化という関節接続方式がとられていた。E10形はこの間のつなぎ役だ

国鉄制式形式
全蒸気機関車ビジュアルガイド

2024年10月25日　初版第1刷発行

著	レイルウエイズ グラフィック	アートディレクション	アダチヒロミ（アダチ・デザイン研究室）
発行者	津田淳子	編集	坂本章
発行所	株式会社グラフィック社 〒102-0073 東京都千代田区九段北1-14-17 tel. 03-3263-4318（代表） 　　03-3263-4579（編集） fax. 03-3263-5297 https://www.graphicsha.co.jp/	執筆	松本典久
印刷・製本	TOPPANクロレ株式会社		

参考文献

『栄光の蒸気機関車』（ホーチキ商事出版部）
『九州の蒸気機関車』（門司鉄道管理局）
『交通技術』（交通協力会）
『図解鉄道保線・防災用語事典』（山海堂）
『線路』（鉄道現業社）
『デゴイチよく走る！機関車データファイル』
『鉄道ピクトリアル』（電気車研究会）
『鉄道ファン』（交友社）
『年表と写真で見る北海道の国鉄　電化から民営化まで』（北海道新聞社）

定価はカバーに表示してあります。乱丁・落丁本は、小社業務部宛にお送りください。小社送料負担にてお取り替え致します。著作権法上、本書掲載の写真・図・文の無断転載・借用・複製は禁じられています。本書のコピー、スキャン、デジタル化等の無断複製は著作権法上の例外を除き禁じられています。本書を代行業者等の第三者に依頼してスキャンやデジタル化することは、たとえ個人や家庭内での利用であっても著作権法上認められておりません。

© Railways Graphic　978-4-7661-3940-2　C0065
Printed in Japan